ACTES

DU

CONGRÈS DE VIGNERONS

FRANÇAIS.

ACTES

DU

CONGRÈS DE VIGNERONS

FRANÇAIS.

——◦◦◦——

3ᵐᵉ Session

Tenue à Marseille, en Août 1844.

MARSEILLE.

IMPRIMERIE DE L. MOSSY, DIRIGÉE PAR BELLANDE,
Rue Sainte, 31.
1844.

INTRODUCTION.

La 3ᵉ Session du Congrés de Vignerons français et
étrangers, qui a eu lieu à Marseille, a prouvé d'une manière incontestable l'utilité de cette heureuse institution. A peine à sa troisième année d'existence, elle a
déjà produit le plus grand bien : la culture de la vigne
est une question assez vitale pour la France, et trop d'intérêts sont engagés dans la production et le commerce des
vins, pour qu'une réunion de viticulteurs ne fixe pas
l'attention générale. Le commerce et toutes les industries ont des réunions très fréquentes, l'agriculture seule
n'en a aucune : provoquer ces réunions, les faciliter,
mettre en rapport des hommes qui, sans y être pous-

sés, resteraient inconnus les uns aux autres, est une
œuvre éminemment utile et profitable à tous, car qui
ne sait que dans ces assemblées, composées d'expé-
rimentateurs de tous les pays, les questions les plus
importantes, les plus difficiles, les théories les plus
hasardées, sont discutées, éclaircies, élaborées et classées selon leur mérite. En procédant ainsi, la France
parviendra non-seulement à perfectionner la culture de
la vigne et à établir pour chaque localité une culture
rationnelle de ce végétal, mais encore à débrouiller
le véritable cahos dans lequel le pauvre agriculteur
se perd, lorsqu'il veut choisir le cépage le plus
approprié à son terrain : près de 2,000 noms se présentent sous ses yeux, si l'on parvenait à déduire de
ces 2,000 noms tous ceux appliqués au même cépage,
on réduirait peut-être au quart ce nombre vraiment
effrayant.

Afin que toutes les localités viticoles puissent jouir
des bienfaits du Congrès, il se réunit chaque année,
dans une ville différente. Ainsi il a tenu sa 1re Session.
à Angers ; la 2e, à Bordeaux ; la 3e, à Marseille.
La 4me aura lieu à Dijon. Avant de se séparer, le Congrès fixe toujours la ville où se tiendra la Session suivante : en désignant Marseille comme le lieu de rendez-
vous de la 3e Session, le Congrès, tenu à Bordeaux,
avait chargé la Société de Statistique et le Comice Agricole de Marseille, de nommer le Secrétaire-général et
le Trésorier du Congrès, ainsi que la Commission d'organisation. Les deux Sociétés s'entendirent, par suite
de cette délégation, et nommèrent, dans la séance du

2 novembre 1843 . M. Jules Bonnet , Secrétaire-général , M. P.-M. Roux , Trésorier, et MM. Clapier , Plauche , Négrel-Féraud , comte de Villeneuve et Barthélemy, membres de la Commission d'organisation.

Cette Commission , après s'être assemblée , pour discuter le programme , publia le 30 avril 1844 , la circulaire, le réglement et le programme que nous reproduisons ici.

Avant de clore la dernière Session , qu'il a tenue à Bordeaux , le Congrès de vignerons français et étrangers a désigné [1] Marseille comme le lieu de rendez-vous de la troisième réunion.

1 .... « Il a été décidé de fixer le siége de la troisième Session , « à Marseille , de charger la Société de Statistique et le Comice Agri- « cole des Bouches-du-Rhône d'organiser une Commission directrice « et un bureau provisoire. »

« Cette Session devra s'ouvrir du 10 au 16 août prochain , de ma- « nière qu'après y avoir assisté, on puisse se rendre au Congrès Scien- « tifique de France à Montpellier,.... »

(Extrait des Procès-verbaux de la deuxième Session du Congrès de Vignerons français et étrangers , tenue à Bordeaux. — Séance du 22 septembre 1843.)

..... « La Société de Statistique de Marseille , de concert avec le « Comice Agricole de la même ville , a procédé par voie de scrutin « à la nomination des Membres devant composer la Commission di- « rectrice et le Bureau provisoire ; il en est résulté que M. Jules « Bonnet a été nommé Secrétaire-général du Congrès ; M. P.-M. Roux, « Trésorier ; et les autres Membres de la Commission , sont MM. « Barthélemy, Clapier , Négrel-Féraud , Plauche et De Ville- « neuve. »........

(Extrait des Procès-verbaux de la Société de Statistique de Marseille. — Séance du 2 novembre 1843.)

Marseille doit cette flatteuse distinction à la double importance qu'elle a sous le rapport vinicole et comme port d'exportation de vin et comme centre d'une grande production.

Comme port d'exportation de vin, Marseille pourra fournir aux cultivateurs de vigne, d'utiles renseignements sur les causes qui arrêtent nos débouchés au dehors et sur les moyens de les développer.

Comme centre de production, Marseille offrira aux vignerons des départements de l'ouest et du centre, d'intéressants sujets d'études : la chaleur du climat, la nature du terrain, la nécessité de mêler sur le même sol une foule de cultures diverses à la culture de la vigne, ont introduit dans l'agriculture provençale des pratiques spéciales que l'on ne peut bien apprécier qu'après les avoir étudiées sur la localité.

Les propriétaires et agriculteurs du midi espèrent que ces circonstances seront de nature à piquer la curiosité et à exciter le zèle des vignerons des départements voisins.

Ils seront heureux de recevoir leurs conseils et leurs indications et de leur communiquer les résultats de leur expérience.

C'est par ces communications que l'Agriculture française, jusqu'à ce jour trop isolée, parviendra enfin à se constituer et à reprendre en France la haute position qui lui appartient.

Agréez, Monsieur, l'assurance de notre considération très distinguée.

Le Président de la Commission directrice,

CLAPIER.

Le Secrétaire-Général du Congrès,

Jules BONNET.

P. S. — La douzième Session du Congrès Scientifique de France ne s'ouvrira pas à Montpellier, comme on l'avait d'abord décidé, mais à Nimes, le 1ᵉʳ septembre prochain. En conséquence, l'ouverture de la troisième Session du Congrès de Vignerons Français et Étrangers aura lieu le 20 août; ce qui permettra aux Membres de ce Congrès d'assister ensuite à celui de Nimes.

PROGRAMME.

—

Dispositions Générales.

—

1° La Session du Congrès de Vignerons français et étrangers s'ouvrira, à Marseille, le 20 août 1844, à 9 heures précises du matin, dans les salles du Conservatoire de Musique, [1] allées de Meilhan, n. 40.

La souscription est fixée à 10 fr. pour chaque adhérent, qui devra les verser entre les mains du trésorier.

2° Appel spécial est fait à toutes les personnes qui portent intérêt au progrès de l'OEnologie, pour qu'elles veuillent bien s'associer aux travaux du Congrès. Les Académies, Sociétés d'Agriculture et d'Industrie sont invitées à lui communiquer la statistique de leurs travaux, en ce qui se rapporte à la spécialité et au but de cette réunion, et à s'y faire représenter par un ou plusieurs de leurs membres.

3° La durée de la Session sera de cinq jours au moins.

---

1 M. le Maire de Marseille, ayant mis la grande salle des tableaux, au Musée, à la disposition du Congrès, les séances ont eu lieu dans cette salle.

4° Les travaux du Congrès seront répartis en deux sections principales.

L'une relative aux travaux et cultures applicables aux vignobles ;

L'autre à la fabrication, à l'amélioration et à la conservation des vins.

5° A l'ouverture de la première séance, le bureau provisoire sera composé du Président de la Commission d'organisation, du Secrétaire-général et du Trésorier du Congrès ; l'assemblée procédera immédiatement à la nomination du Président du Congrès, de deux Vice-présidents et de deux Secrétaires, qui, avec le Secrétaire-général et le Trésorier, formeront le bureau définitif.

6° Immédiatement après l'installation du Congrès, les sections procéderont elles-mêmes à leur organisation particulière, en choisissant chacune un Président, un Vice-président, un Secrétaire et un Vice-secrétaire. Elles fixeront ensuite le lieu et l'heure de leurs séances.

7° Cette opération s'exécutera sous la présidence de fonctionnaires provisoirement délégués par le Président du Congrès ; aussitôt terminée, les sections feront connaître à l'assemblée générale le résultat de leur organisation particulière et commenceront leurs travaux respectifs.

8° Les membres du Congrès, en se groupant en sections, devront nécessairement choisir celle qui se rattache le plus directement à leurs études spéciales et à leurs travaux antérieurs. Néanmoins, chaque mem-

bre pourra assister aux réunions de l'autre section,
et prendre part à ses travaux.

9° Toutes les communications faites au Congrès seront, par le bureau, renvoyées aux sections respec-
tives, qui se subdiviseront en commissions pour examiner, s'il y a lieu, plusieurs questions simultanément

10° Chaque section, après avoir entendu les rapports
des commissions formées dans son sein, présentera
l'ensemble de ses travaux ; ils seront discutés par le
Congrès. Le Président réglera l'ordre des matières.

11° Les assemblées générales seront quotidiennes. Au
commencement de chaque séance, l'un des secrétaires
lira le procès-verbal de la séance de la veille ; les secrétaires des sections donneront aussi lecture des procès-verbaux des séances particulières. L'assemblée en-
tendra ensuite la lecture des mémoires, rapports et
les communications verbales.

12° Nul ne pourra prendre la parole à une séance
sans l'autorisation du Président, qui réglera avec le
Bureau l'ordre du jour.

13° *Toute discussion sur des matières politiques, religieuses ou étrangères au but proposé et aux matières
indiquées*, est interdite.

14° Des excursions scientifiques pourront avoir lieu
pendant la durée du Congrès.

15° Les personnes qui ne pourraient pas se rendre
au Congrès sont invitées à adresser au Secrétaire-général les communications qu'elles auraient préparées à
cet effet.

16° Le Trésorier est chargé de la comptabilité, et le Secrétaire-général remplira les fonctions d'archiviste du dépôt des ouvrages dont il sera fait hommage au Congrès.

17° Les souscripteurs recevront ultérieurement le compte-rendu des travaux de la Session, par les soins du Secrétaire-général, du Secrétaire du Bureau et des Secrétaires de chaque section.

18° Afin de compléter le cadre des travaux du Congrès et d'en faciliter l'exécution, une exposition des différentes variétés de vignes cultivées en France et de leurs produits, sera ouverte à la même époque et pour le même temps. Chaque échantillon devra porter le nom vulgaire, et, autant que possible, le nom scientifique sous lequel il est connu, ainsi que l'indication de ses principaux caractères botaniques et économiques.

19° Les vins seront admis avec les noms des exposants, et, toutes les fois que faire se pourra, avec un échantillon des fruits des espèces dont on les aura extraits. Tous renseignements adressés au Congrès sur le climat, la nature et l'exposition des terres de chaque vignoble, le mode de fabrication et les soins d'entretien du vin qui en proviendra, seront accueillis avec empressement.

20° Il en sera de même des instruments et appareils nouveaux ou perfectionnés, employés à la culture de la vigne et à la fabrication des vins, ainsi que des dessins représentant des procédés de culture et de vinification.

21° Tout envoi devra, pour être disposé dans les salles de l'exposition, être adressé, *franc de port*, trois jours au moins avant l'ouverture du Congrès, à M. J. BONNET, Secrétaire-général, chez M. P.-M. ROUX, doct. méd., Trésorier, rue des Petits-Pères, 15.

Une Commission spéciale sera nommée pour recevoir et classer convenablement les produits envoyés.

22° Avant de se séparer, le Congrès fixera le lieu et la date de la quatrième Session.

23° Chaque membre du Congrès signera le présent Règlement en retirant sa carte d'entrée chez le Trésorier.

BASES DES TRAVAUX DU CONGRÈS.

1re Section. — VITICULTURE.

1° Du choix des terres propres à la culture de la vigne, de leur exposition et de leurs préparations pour y planter ce végétal.

2° Du choix du cépage le plus approprié au sol et à l'exposition sous le double point de vue de la production et de la qualité des vins.

3° Des divers modes de propagation de la vigne, soit par semis, boutures ou plants enracinés : de l'espacement des plants et de la profondeur à laquelle il convient de les mettre dans le sol.

4° De la taille de la vigne, de son influence, par

rapport à la durée du plant, à la production et à la qualité du vin.

5° De la culture de la vigne, à bras ou à l'aide des instruments aratoires perfectionnés ; de la nature et de la profondeur des labours ; du choix des engrais propres aux vignobles, et de l'époque à laquelle il faut les enterrer.

6° De l'ébourgeonnement et de l'effeuillage ; leur influence sur la grosseur et la maturité des raisins.

2ᵐᵉ Section. — FABRICATION DES VINS.

1° Des diverses méthodes de vendanger et de fouler les raisins comparées entr'elles et de l'usage des machines pour écraser les raisins.

2° De l'égrappage et de l'addition des plâtres et autres ingrédients dans la vendange ; avantages et inconvénients de ces procédés.

3° Des divers systèmes de cuves, fermentation à vases clos ou à l'air libre ; durée de la fermentation ; appréciation de ses diverses phases, et détermination du moment le plus favorable pour la décuvaison.

4° Des diverses manières de presser le marc des raisins.

5° Des vases vinaires en bois ou en maçonnerie, et de leur influence sur la qualité des vins.

6° De la conservation des vins ; de leurs maladies ; des causes qui font naître ces maladies, et des procédés pour rétablir les vins altérés.

7° Des préparations et mélanges que subissent les

vins dans les grands établissements destinés au commerce de vins pour les rendre propres à la consommation des divers pays où ils sont exportés.

Les Sociétés ou les personnes disposées à adhérer au Congrès, sont priées de faire connaître leurs intentions le plus promptement possible, pour que leur nom puisse figurer sur la liste des membres, qui sera publiée avant l'ouverture de la Session.

Les Sociétés des Départements sont invitées à communiquer au Congrès la statistique de leurs travaux vinicoles et œnologiques, et à s'y faire représenter par un ou plusieurs de leurs membres.

Pour tous les renseignements qui ont rapport à cette 3ᵐᵉ Session du Congrès de Vignerons, on peut s'adresser, *franc de port*, à M. J. Bonnet, Secrétaire-Général, chez M. P.-M. Roux, doct. méd., Trésorier du Congrès, rue des Petits-Pères, 15, à Marseille.

CONGRÈS

DE

VIGNERONS FRANÇAIS.

Troisième Session. — 1844.

PROCÈS-VERBAL DE LA 1ʳᵉ SÉANCE,

20 AOUT 1844.

M. CLAPIER, Président provisoire.

La Séance est ouverte à 9 heures précises.

MM. Jules BONNET, Secrétaire général, P.-M. ROUX, de Marseille, Trésorier du Congrès, BARTHÉLEMY, NÉGREL-FÉRAUD et PLAUCHE, membres de la Commission directrice, forment le bureau provisoire.

M. CLAPIER, après avoir annoncé que la troisième Session du Congrès de Vignerons était ouverte, invite M. le Secrétaire général à donner lecture du programme de cette Session.

Cette lecture terminée, M. le Président se lève et prononce le discours suivant :

« MESSIEURS ,

« Partout où trois personnes seront reçues en mon nom, mon esprit sera au milieu d'eux. Ces paroles de la sublime sagesse renferment une révélation profonde, c'est qu'il n'y a de puissance que pour les hommes réunis, et que l'association est la condition indispensable de tout progrès. L'homme isolé, quelque grand, quelque énergique qu'il soit, ne peut rien ; ce n'est qu'en recueillant leurs efforts que les intelligences comme les forces physiques peuvent atteindre de bons résultats.

« C'est donc une bonne et excellente chose que les congrès scientifiques, dont la pratique commence à se populariser.

« Les Congrès sont dans l'ordre moral, ce que les chemins de fer sont dans l'ordre matériel ; ils effacent les distances, ils rapprochent les hommes, ils multiplient les relations, ils brisent les préjugés locaux et les habitudes casanières, ils excitent l'émulation par l'activité qu'ils communiquent. Or tout cela, c'est de la civilisation, c'est du progrès social.

« J'ai souvent entendu vanter les avantages de notre unité nationale, cette unité existe dans nos lois et dans notre système administratif ; elle n'existe pas dans nos mœurs. Chaque province a conservé ses habitudes locales, ses préjugés, son horizon rétréci.

« Chez nous les idées circulent tout aussi lentement que les hommes. Chaque ville renferme un certain nombre d'hommes distingués qu'on ignore à dix lieues de distance ; il n'y a pour la province ni presse, ni tribune, ni lecteurs, ni auditeurs, tout y est isolément et immobilité. Les chemins de fer tendront sans doute à modifier cette situation fâcheuse ; ils tendront à mêler et fondre plus intimément toutes les parties de la population ; ils réaliseront aussi cette grande idée d'unité nationale ébauchée par l'assemblée constituante et qui attend encore de nos jours son complet développement ; les congrès scientifiques leur seront un puissant auxiliaire. De quoi serviraient, en effet, ces voies plus rapides si les hommes s'obstinaient à s'isoler chez eux ; ce n'est pas en transportant la marchandise plus vite, que les chemins de fer auront atteint leur haute destinée, c'est en donnant des ailes à la pensée, c'est en offrant à l'esprit un plus large et

plus rapide moyen d'expansion, c'est en ouvrant à l'étude
un champ plus vaste, c'est en fournissant à la science des
moyens de communication plus intime, des renseignements
plus complets, c'est en faisant, pour ainsi dire, de tous les
hommes d'intelligence que le pays renferme, comme une
grande famille qui, à de certaines époques, éprouve le besoin de s'entendre et de se rapprocher.

« Le Congrès qui nous réunit aujourd'hui est une heureuse
anticipation de ce brillant avenir.

« Chose remarquable, la France qui de tout temps s'est
placée à l'avant-garde de tous progrès intellectuels en Europe,
s'est laissé devancer dans cette voie par tous les autres pays.
En Angleterre toutes les grandes questions agricoles se dé-
cident en congrès. En 1819, la question du semis en ligne
y fut l'objet d'une réunion solennelle qui eut lieu à *Holkam*.
John St-Glair, ministre secrétaire d'état, directeur du bureau d'agriculture, la présida ; 500 agriculteurs s'y rendirent,
les hommes de pratique et d'expérience donnèrent leur avis
et après plusieurs jours de discussions, les avantages du semis en ligne furent solennellement proclamés.

« Et l'Allemagne, que ne doit-elle pas à ses congrès agricoles ! Dans ce pays si arriéré naguère en agriculture, aujourd'hui si riche en perfectionnements de tous genres, un
congrès agricole est une véritable solennité nationale, tout
le monde y accourt, les princes y président, les grands propriétaires y affluent, les magistrats municipaux leur prodi-
guent les encouragements, les étrangers qui s'y rendent sont
accueillis et fêtés comme enfants de la grande famille agricole, chacun se fait un honneur d'expliquer sa méthode, de
fournir ses renseignements, de faire connaître ses résultats,
de signaler même ses revers et ses mécomptes. Espérant
qu'un jour viendra où les réunions agricoles rencontreront
en France les mêmes empressements, ce n'est qu'à ce prix
que l'agriculture française peut espérer d'obtenir quelques
progrès, de briser l'esprit de routine qui l'étreint encore et

l'entrave, de donner au sol toute la valeur qu'il peut acquérir et d'assurer au propriétaire foncier, dans les affaires publiques, la haute influence qui appartient de droit à celui qui possède et qui cultive le sol.

« Mais pour obtenir un avantage réel, un Congrès ne doit pas être une réunion vague et fortuite ; ce doit être une association ayant un but clairement défini; vous l'avez compris, et en vous réunissant vous avez nettement déterminé votre intention et votre pensée ; c'est de vous occuper des perfectionnements à apporter dans la culture de la vigne et dans la fabrication du vin.

« De toutes les cultures il n'en est pas en France de plus importante. La culture de la vigne s'étend dans soixante et dix départements ; elle couvre 2,134,000 hectares, elle occupe les bras de 6,000,000 d'individus , la production annuelle du vin s'élève à 40 millions d'hectolitres d'une valeur d'environ 600 millions de francs sur lesquels 1,500 mille hectolitres sont exportés à l'étranger; cette branche importante de notre agriculture et de notre commerce est en souffrance; l'absence de récolte en rétablissant momentanément l'équilibre entre la production et la demande a calmé pour quelque temps des plaintes qui ne tarderont pas à se reproduire ; c'est à l'art vinicole qu'il appartient d'apporter un remède efficace à ses souffrances ; ce remède consiste à améliorer les produits pour décourager les crus inférieurs et à développer la culture des bons crus en les rendant à la fois plus économiques et plus profitables. En outre, de toutes les branches de l'agriculture , il n'en est pas en France de plus populaire. Un propriétaire donne à ferme son champ de blé, mais il se réserve la direction de sa vigne ; qu'il fait bêcher sous ses ordres et tailler sous ses yeux. En Angleterre un propriétaire qu'on visite se fait gloire de montrer des bœufs magnifiques, des attelages vigoureux , des troupeaux de belles laines ; en France, c'est à faire savourer une bonne et vieille bouteille de cru que le propriétaire met son orgueil.

Qui de nous n'a ressenti cette douce jouissance? Quel propriétaire n'a pas éprouvé quelquefois cette satisfaction qu'inspire
la bouteille exhumée au moment où elle apparaît sur la table
hospitalière? Qui n'a ressenti cette sorte de sollicitude pa-
ternelle qui, d'un regard, interroge l'hôte bienveillant quand
le verre dégustateur s'approche de sa bouche et se vide lentement? Qui de nous n'a pu se défendre une innocente explo-
sion de joie en recueillant le suffrage impatiemment attendu?
Tout le monde en France est vigneron, et de tous les Congrès, celui des vignerons devait nécessairement devenir le
plus populaire. Aussi, a-t-il rencontré partout d'ardentes et
vives sympathies. A Angers, lieu de son origine et théâtre de
son premier succès, les agriculteurs les plus éminents, les
œnologues les plus remarquables s'y sont rendus en foule.
Les questions les plus importantes ont été successivement
agitées, les diverses variétés de cépages, leur nomenclature
sinonymique, leur classification méthodique ont été discutées, leur mérite relatif, en égard au sol, au climat et à la
qualité, les vins qu'on en obtient ont fait l'objet d'un examen
attentif, la question de la reproduction de la vigne par semis
ou de la transplantation a soulevé d'intéressantes discussions.
L'emploi des fumiers et l'influence qu'ils exercent soit sur la
durée de la vigne, soit sur la qualité des produits, a provoqué
de précieuses communications, et des renseignements
d'une incontestable utilité pratique; enfin les divers systèmes
essayés pour améliorer le mode actuel de fabrication de vin,
ont fait l'objet de sérieuses études.

« C'est à Bordeaux que s'est tenue la seconde session du
Congrès vigneron. Bordeaux, la métropole des crus célèbres,
l'entrepôt des premiers vins du monde, Bordeaux, en outre,
la ville intelligente, la ville amie des progrès, Bordeaux
méritait cette distinction, à tous ces titres; les discussions
ont été dignes de la ville qui leur servait de théâtre, la question des semis et le mode des reproductions a reçu de nouveaux développements, la nécessité d'une nomenclature gé-

nérale et les difficultés qu'elles représentent ont provoqué de
nouvelles et intéressantes discussions. Un mémoire sur l'en-
fouissage de la vigne, a présenté des vues tout-à-fait nouvelles sur les meilleures cultures à lui donner et un moyen
simple et économique de supprimer les engrais ; l'effeuillage
des vignes a été l'objet d'excellentes remarques, les vendanges, leur ouverture, leurs meilleurs procédés, leurs instruments les plus convenables ont donné matière à des
études approfondies.

« Le commerce des vins, ses obstacles, les moyens qui
pourraient tendre à les développer, la bonne confection des
barriques, l'influence de leur bois sur la bonne qualité de
ces vins, ont offert autant de sujets d'intéressantes discussions.

« Vous êtes appelés, Messieurs, à continuer l'œuvre com-
mencée par ces deux assemblées. Marseille doit à la culture
de la vigne de voir ses côteaux stériles se parer chaque année de riches produits. Notre département récolte six cent
quarante mille hectolitres de vin par année. Ce produit est
le résultat de vingt-quatre mille cinq cents hectares plantés
en vignes, déduction faite des oulières qui les séparent.

« L'arrondissement de Marseille prend part à cette production pour deux cent mille hectolitres. Marseille, en outre,
doit à l'exportation des vins, une large part de sa prospérité
commerciale et du fret de ses navires; elle possède soixante-
cinq chays en activité, qui manipulent annuellement quatre
cent mille hectolitres de vin ordinaire et environ dix mille
hectolitres vin de liqueurs. Ces soixante-cinq chays occupent
trois cent vingt-cinq ouvriers ; leurs produits sont évalués à
huit millions. En outre, une quinzaine d'entrepôts reçoivent
et expédient les vins de Provence et du Languedoc; l'ensemble de ces établissements donne lieu à un mouvement général
de cinq cent mille hectolitres; trois cent mille sont exportés
pour l'étranger, les colonies et le cabotage ; cent soixante-
dix mille sont versés dans la consommation locale, trente

mille sont introduits avec passe-avant par les propriétaires.

« Marseille, dès lors, ne pouvait sans ingratitude refuser sa
part de renseignements et d'expérience , à la science vinicole
qui fait une de ses richesses et de ses gloires. Elle ne pouvait
sans ingratitude refuser de porter sa pierre au pied de ce
monument qu'on élève en son honneur. Les influences de
son climat , les exigences de son commerce et les qualités
des vins qu'il accepte , joint à l'extrême division des propriétés ont donné dans les régions qui nous environnent une
direction spéciale à la culture de la vigne ; les procédés
qu'elle emploie fourniront sous ces rapports d'utiles sujets
d'études aux étrangers qui honoreront cette réunion par
leur présence , et d'autre part leurs indications pourront
introduire dans ses pratiques des modifications heureuses et
d'utiles perfectionnements. Que ces étrangers reçoivent par
ma bouche l'expression de la gratitude de notre cité. Marseille accepte comme une distinction flatteuse , le choix
qu'ils ont fait d'elle pour le rendez-vous de leur troisième
réunion. Hospitalière pour tous , elle se plaît surtout à l'être
pour les hommes d'intelligence et de mérite qui viennent la
visiter, et la troisième session du Congrès de Vignerons sera
pour elle une époque dont elle conservera longtemps le
souvenir. »

Ce discours est accueilli avec des marques d'une véritable
sympathie.

Pour se conformer aux dispositions réglementaires , M. le
Président annonce qu'on va procéder à l'élection des Membres du bureau définitif et propose, au nom du bureau provisoire , à l'assemblée de décerner le titre de président
honoraire à M. BOUCHEREAU jeune , conseiller de préfecture
à Bordeaux , qui depuis longues années ne cesse de donner
des preuves de zèle et de dévouement pour faire progresser
l'industrie vinicole. Cette proposition est accueillie par
acclamation.

Trois scrutins successifs donnent pour résultat :

MM. GUILLORY aîné , Président et délégué de la Société industrielle d'Angers , *Président*.

REYNIER , membre de l'académie de Vaucluse , et PELISSIER , secrétaire-général délégué de la Société d'agriculture de Bordeaux , *Vice-Présidents*.

POLLETY , trésorier bibliothécaire du Comice agricole de Marseille,

LANNES , délégué du Comice agricole de Moissac , et PELLICOT , secrétaire-délégué du Comice agricole de Toulon , *Secrétaires-Adjoints*.

Lesquels avec M. Jules BONNET, *Secrétaire-Général* , et M. P. M. ROUX , *Trésorier*, forment le bureau définitif.

M. CLAPIER, ayant proclamé le résultat de cette élection , invite MM. les Membres du bureau définitif à vouloir bien venir prendre leur place.

M. Guillory , Président , remercie l'assemblée en ces termes :

MESSIEURS ,

« Avant de m'asseoir dans ce fauteuil , où m'ont appelé vos bienveillants suffrages , permettez-moi de vous exprimer les sentiments dont je suis pénétré. La mission de diriger vos travaux est un honneur trop grand pour que je n'en sois pas fier; elle impose des devoirs trop élevés , pour que je ne sois pas effrayé de mon insuffisance. Une seule pensée me rassure : vous avez compté sur mon zèle , sur mon entier dévouement ; vous avez espéré que je me consacrerais tout entier à l'institution de cet utile congrès , qui vient d'ouvrir aujourd'hui sa troisième session , et qu'avait fondé il y a deux ans la Société industrielle d'Angers dont je suis près de vous l'empressé représentant. C'est à cette Société elle-même , à l'heureuse inspiration dont elle fut animée

que je reporte les honneurs que vous me décernez aujour-
d'hui ; mais je ne décline pas les obligations que vous avez
imposées à mon zèle , et , soutenu par vous tous , Messieurs,
par votre amour de la science et du bien général , par votre
indulgence et par vos sympathies , je trouverai en moi la
force d'accomplir le pénible , mais l'honorable rôle que vous
m'avez confié. Il vous eut été facile de choisir, dans cette
éminente assemblée , des noms plus influents , des hommes
plus habiles, vous n'auriez pas rencontré , je le proclame ,
un cœur plus dévoué et plus reconnaissant.

« Est-il besoin , Messieurs, au moment de commencer
vos travaux , d'en rappeler la profonde et sérieuse utilité ?
Vous en avez tous conscience , et votre seul empressement
à vous rendre en ces lieux est un éclatant témoignage ac-
cordé par vous au but de ce Congrès. Les deux premières
sessions n'ont-elles pas d'ailleurs produit leurs excellents
résultats ? Angers et Bordeaux ont vu , dans les deux dernières années , s'agiter au milieu de nos réunions , les questions les plus importantes et du plus grave intérêt. Il vient
pour la troisième fois ouvrir ses travaux sous le beau ciel
de la Provence , au milieu de cette riche et magnifique culture que favorise un bienfaisant climat , autant que l'intelligence élevée des heureux habitants de ce pays. Il vient vous
apporter les conquêtes qu'il a faites ailleurs et vous demander en échange , d'étudier avec vous celles qui vous appartiennent. Marseille a reçu dans son sein les nombreux étrangers qu'elle avait conviés à s'y rendre ; les hommes les plus
versés en viticulture viennent lui faire part de leurs richesses
et de leurs travaux : elle va de son côté étaler à leurs yeux
les trésors de sa belle nature, les magnificences de ses productions ; chacun va redoubler de zèle , d'amour pour la
science , d'entraînement pour le bien public , et cette assemblée ne se séparera qu'en laissant derrière elle les plus bril-
lants , les plus utiles souvenirs.

« Nous avons l'honneur de vous proposer, Messieurs , de voter des remercîments à MM. les Membres du Bureau provisoire et à MM. les Membres de la Commission directrice , dont les soins persévérants ont organisé si dignement cette troisième session. »

Des remercîments sont votés à MM. les Membres du bureau provisoire et de la commission directrice.

M. Bouchereau remercie l'assemblée en des termes très flatteurs du titre dont on a bien voulu l'honorer.

M. le Président invite MM. les Membres du Congrès à se diviser en deux sections conformément au programme , en se faisant inscrire sur les listes ouvertes par MM. les Secrétaires.

Cette opération terminée , on décide que les séances générales auront lieu à l'avenir tous les matins à 8 heures précises ; que les séances des sections se tiendront également tous les jours , savoir : la première de 3 heures à 4 heures et demie du soir , et la deuxième de 4 heures et demie à 6 heures.

La séance est levée à 11 heures.

BOUCHEREAU , GUILLORY aîné, PELISSIER , J. BONNET.

PROCÈS-VERBAL

DE LA DEUXIÈME SÉANCE,

LE 21 AOUT 1844.

Présidence de M. GUILLORY Ainé.

La séance est ouverte à 8 heures.

Sont présents au bureau : MM. BOUCHEREAU, Président-honoraire ; GUILLORY ainé, Président ; BONNET, Secrétaire-Général ; POLETTY, LANNES, PELLICOT, vice-Secrétaires ; P. M. ROUX, de Marseille, Trésorier.

Le procès-verbal de la dernière séance est lu et adopté.

Il est donné connaissance de l'organisation des sections.

1re SECTION. — *Viticulture.*

Président : M. CLAPIER ; vice-Président : M. PIAGET.
Secrétaire : M. BARTHELEMY.

2me SECTION. — *OEnologie.*

Président : M. de LABAUME ; vice-Président : M. AUBERGIES père.
Secrétaire : M. BŒUF.

M. le Secrétaire-général donne lecture de la correspondance qui se compose de différentes lettres et notamment d'une lettre de M. BABO, du grand duché de Bade, où ont pris naissance les Congrès allemands, lequel demande d'échanger le compte-rendu du Congrès de Vignerons tenu en Allemagne à Duckein , contre le compte-rendu du présent Congrès.

Cet échange est admis.

Lettre de M. VALLOT , Secrétaire du Comité central de la Côte-d'Or , demandant au nom de cette Société , que le quatrième Congrès de Vignerons français se réunisse à Dijon. L'assemblée renvoie la décision de cette question à la fin de la session.

Lettre de M. le compte ODART , de Tours (Indre et Loire), qui soumet au Congrès des questions de culture.

Renvoi à la première section.

Sont offerts à titre d'hommage au Congrès ,

1° Par M. BOUCHEREAU , de Bordeaux , vingt exemplaires du catalogue des vignes existant sur la propriété de Carbonnieux.

2° Par M. PLAUCHE , de Marseille , un n° des Annales provençales.

3° Par M. GUILLORY aîné , d'Angers , un exemplaire des actes de la 1ʳᵉ session du Congrès de Vignerons français ; la proposition relative à l'introduction en France des Congrès de Vignerons ; des documents sur la culture des côteaux en terrasses superposées , et sur les commissions pour l'encouragement de la bonne culture des vignobles ; le règlement des Comices vinicoles de Maine et Loire ; et enfin un rapport sur la 2ᵐᵉ session du Congrès de Vignerons français.

4° Par M. BLANCHET , un mémoire ayant pour titre : *Viticulture de Lausanne , canton de Vaud* (Suisse) ; un Essai sur l'art de tailler la vigne ; un article dont il est l'auteur , inséré dans le nouvelliste Vaudois , ayant pour titre : *Étude sur les divers agents de la végétation appliqués surtout à la culture des vignes.*

5° Par M. FAURET , de Bordeaux , une brochure ayant pour titre : *Analyse du vin de la Gironde.* Cet important travail est renvoyé à l'examen de la 2ᵐᵉ section.

6° Par M. de LA CHAUVINIÈRE, directeur du *Culticateur de Paris*, le n° de décembre dernier de son journal contenant l'analyse des travaux du Congrès des Vignerons de Bordeaux.

7° Par M. PETIT LAFITTE, professeur d'agriculture à Bordeaux, le n° de juillet 1844 de son journal, contenant le dernier programme du Congrès ; quelques exemplaires de la première et dernière leçon sur la culture de la vigne et la fabrication du vin.

M. le Président fait part à l'assemblée des visites faites par le bureau à M. le Préfet et à M. le Maire. M. le Préfet a accueilli avec beaucoup de bienveillance les Membres de cette députation et les a entretenu assez longuement sur les travaux qui devaient faire l'objet de leurs délibérations. Le bureau a regretté de n'avoir pas rencontré M. le Maire.

M. le Président propose de nommer une commission pour l'exposition et la dégustation des vins. Cette proposition est accueillie par le Congrès.

M. GUILLORY aîné, en sa qualité de délégué de la Société fondatrice du Congrès de Vignerons, fait à l'assemblée la communication suivante. (Voir à la 2ᵐᵉ partie.)

M. PLAUCHE demande la parole sur l'ordre du jour. Il dit que les questions du programme sont trop laconiques, demande à les développer et insiste pour que le Congrès s'occupe immédiatement de la solution de toutes ces questions. Une discussion assez longue s'établit entre divers Membres sur la proposition de M. PLAUCHE qui s'oppose à ce qu'on donne lecture des mémoires admis par les Sections.

Plusieurs Membres prennent la parole à ce sujet :

M. Jules BONNET : sans vouloir combattre la proposition de M. PLAUCHE, je ne crois pas, cependant, que l'on doive repousser la lecture des mémoires admis par les sections. Il y a d'ailleurs une espèce de droit acquis en leur faveur et par conséquent il y a lieu de donner la priorité à la lecture de ces mémoires. Je propose pour mettre à profit le temps que les Membres du Congrès ont à consacrer à ces travaux de ne faire à l'avenir qu'un simple résumé, en séance générale, des mémoires qui seront transmis au Congrès.

M. PLAUCHE prétend que si l'on admet la lecture des mémoires, les séances seront absorbées par ces lectures et on n'aura plus assez de temps pour s'occuper des questions du programme.

M. P. M. ROUX fait remarquer qu'il appartient particulièrement aux sections de traiter les questions du programme, tandis que les séances générales doivent être consacrées entr'autres travaux, à la lecture des mémoires, ainsi que le prescrit le règlement dont on ne saurait se départir.

M. BOUCHEREAU combat aussi la proposition de M. PLAUCHE.

Cette proposition étant mise aux voix, le Congrès décide que l'on passera immédiatement à la lecture des mémoires admis par les sections. Il décide en même temps que pour l'avenir, il ne sera donné lecture en séance générale que des mémoires présentant un intérêt majeur, et dont la lecture ne pourrait pas occuper longtemps l'assemblée. Quant aux autres, il en sera fait des analyses ou des rapports, à moins que leur importance en fasse voter l'impression.

M. de BOVIS : tout en s'occupant de la production, on doit chercher les moyens de donner de nouveaux débouchés aux produits de la vigne.

M. le Président : on ne saurait s'écarter des termes du programme.

M. VIGUIER est appelé à donner lecture de son mémoire autorisé par la première section (voir la 2me partie).

M. le Président met aux voix l'impression de ce mémoire. Cette proposition amène une discussion à laquelle plusieurs membres prennent part.

M. DEMANDOLX s'oppose à l'impression, ce mémoire lui paraissant contenir des préceptes contraires aux moyens pratiques qu'il a employés chez lui ; il combat surtout l'idée de laisser la terre vierge dans le fond au lieu d'y mettre la terre végétale de la superficie.

M. Pellicot pense que si le sous sol est argileux, il y aurait de graves inconvénients à le ramener à la superficie parceque le soleil brûlant de nos contrées desséchant cette nature de terre, la rend d'abord compacte et la fendille en suite de manière à préjudicier aux jeunes plants.

M. Bonnet : la discussion sur l'impression du mémoire ne saurait occuper longtemps l'assemblée : l'opposition faite par M. Demandolx ne peut être un obstacle à cette impression, si l'on considère que le Congrès n'assume sur lui aucune responsabilité, car il est admis en principe que les auteurs répondent seuls des idées qu'ils ont émises.

M. Bouchereau : tous les mémoires présentés au Congrès peuvent susciter des oppositions et si l'on admettait ces oppositions, aucun d'eux ne serait imprimé. La question tant de l'impression que de la responsabilité fut agitée à Bordeaux, et on arrêta que l'on ferait des analyses des mémoires trop longs, tout en ordonnant l'impression.

Après cette discussion, l'impression du travail de M. Viguier est votée.

L'ordre du jour appelle la discussion sur l'article 1er de la 1re section du Programme.

Article 1er. *Du choix des terres propres à la culture de la vigne, de leur exposition et de leur préparation pour y planter ce végétal.*

M. Pellicot répondant au passage du mémoire de M. Viguier qui soutient que les côteaux graveleux sont les plus propres à la vigne, fait observer que ces côteaux produisent des vins de bonne qualité, mais que la production y est moins abondante et la végétation moins vigoureuse.

M. Gros le jeune : pour résoudre la question posée par le 1er article, il s'agit de spécifier la qualité des vins que l'on veut obtenir : si ce sont des vins fins et légers, il faut planter sur les côteaux; si l'on veut obtenir des vins gros et en grande quantité, il faut planter dans les fonds.

M. de GASQUET : avant tout on doit s'occuper de la question du rendement de la vigne, et de son produit en argent. Il importe peu que la vigne soit plantée dans la plaine ou sur le côteau, l'essentiel pour le cultivateur, c'est d'en obtenir beaucoup d'argent.

M. de BOVIS : toutes les terres sont propres à la culture de la vigne, mais il serait convenable que les terres de première qualité ne pussent être converties en vignobles.

M. de GASQUET : limiter ainsi la culture de la vigne et astreindre les propriétaires à ne la planter que sur les côteaux serait porter une atteinte très grave au droit de propriété et à la liberté de culture. Chacun doit être libre de cultiver sa terre, suivant que ses intérêts le lui suggèrent. Quant à l'équilibre de production, il s'établira de lui-même quand le propriétaire se verra dans le cas de ne pouvoir plus vendre ses produits.

M. de BOVIS : je ne veux pas invoquer des prohibitions; j'ai voulu seulement engager le Congrès à donner des Conseils à ce sujet aux propriétaires.

Le Président appelle l'attention de l'assemblée sur l'exposition et la préparation du sol pour y planter la vigne.

M. de MONTLUISANT demande dans qu'elle orientation il convient de placer les rangées de vignes.

M. LÆROI pense que sur les côteaux la direction des lignes doit être perpendiculaire à la pente.

M. DEMANDOLS se rallie à l'opinion du préopinant.

M. BARTHELEMI attire l'attention sur les prix élevés des défoncements.

M. de BOVIS : les moyens nouveaux employés à l'aide de la charrue Bonnet sont beaucoup plus économiques, que tous les procédés en usage jusqu'à ce jour.

M. Jules BONNET : j'ai employé avec succès la charrue Bonnet, et à l'aide de cet instrument j'ai obtenu dans un bon sol friable et bien ameublé une profondeur de près de 60 centimètres.

M. de GASQUET : je pense que les défoncements ne sauraient être trop profonds et qu'il n'y a de limites à apporter à un travail de ce genre que la dépense qu'il peut occasioner.

M. POLETI : dans un sol compacte, j'ai mis au fond de la tranchée des fagots de sarments ou de l'ajonc épineux. Je me suis très bien trouvé de cette manière de procéder, ces végétaux servant d'amendement au sol.

M. de BOVIS : c'est là une augmentation de dépense ; la question d'argent domine tout en agriculture.

M. DEMANDOLS : la charrue manœuvre difficilement dans les terrains secs ; je fais faire mes défoncements à bras d'hommes et je plante à 70 centimètres dans les terrains secs et à 40 centimètres dans les terrains humides.

M. de CRÉBON : à Chablis on a coutume de laisser reposer le sol, pendant 12 ans, avant de replanter de la vigne sur le même terrain ; pendant ce temps on fait produire au sol des céréales, du sainfoin et des légumineuses ; la vigne se plante à la charrue à 25 centimètres de profondeur, mais elle ne dure guères plus de 25 ans.

M. de MONTLUISANT : dans le département de la Drôme, on plante aussi à la charrue, et à l'aide d'un pieu que l'on enfonce dans le sol ordinairement argilo-siliceux. La vigne dure 60 ans et est en rapport à la quatrième année.

Une discussion s'établit entre plusieurs membres sur la question de savoir combien de temps il convient de laisser reposer le sol avant d'y replanter la vigne.

M. POLETI opine pour quatre ans.

M. BONNET dit qu'en principe général plus on met de temps à faire revenir un produit sur le même sol, plus on a de chances de réussite.

M. PELLICOT soulève la question de savoir s'il convient de défoncer le sol longtemps avant de planter, et si le propriétaire peut en obtenir diverses récoltes, telles que haricots, melons , etc. , sans nuire à l'avenir de sa plantation.

M. Demandols est contraire à un défoncement fait trop à l'avance , il pense qu'il vaut mieux planter dans l'année.

La discussion fixée à ce point , M. le Président invite les Membres qui voudraient faire partie de l'excursion qui doit avoir lieu au quartier de la Rose et de la Magdeleine , à se rendre à une heure précise dans le local des séances.

La séance est levée à 11 heures.

Bouchereau , Guillory aîné , Pelissier.

J. Bonnet , Secrétaire-Général.

PROCÈS-VERBAL

DE LA TROISIÈME SÉANCE,

LE 22 AOUT 1844.

Présidence de M. GUILLORY Aîné.

La séance est ouverte à huit heures du matin.

Sont présents au bureau MM. BOUCHEREAU, Président honoraire; GUILLORY, Président; PELISSIER, vice-Président; BONNET, Secrétaire-général; POLETI, LANNES, PELLICOT, vice-Secrétaires; P. M. ROUX, de Marseille, Trésorier.

Le procès-verbal de la dernière séance est lu par M. PELLICOT, et donne lieu à une réclamation de la part de M. de BOVIS, dont la pensée émise hier n'aurait pas été suffisamment développée : les plantations de vigne dans les bons sols, sont, dit-il, un leurre pour les propriétaires; ils y obtiennent de grands produits, mais de qualité inférieure, tandis qu'en les livrant à la culture des céréales, des légumineuses et des fourrages, ils en retireraient un revenu plus considérable et plus certain. Avec cette rectification, le procès-verbal est adopté.

Le procès-verbal de la deuxième séance de la première Section est lu par M. BARTHÉLEMY, Secrétaire de cette Section.

Les procès-verbaux des première et deuxième séances de la deuxième Section sont également lus par M. BOURGAREL, Secrétaire de cette Section.

M. CLAPIER dépose sur le bureau, au nom de M. l'abbé Fissiaux , des cartes d'invitation pour assister à la distribution des prix du Pénitencier agricole.

M. le Président rend compte en ces termes de l'excursion faite la veille au quartier de la Rose : « D'après l'avis qui en avait été donné à la séance d'hier matin , nous nous sommes transportés à une heure de l'après-midi , au quartier de la Rose, chez M. DROGOUL, avocat ; nous y avons visité un côteau de la contenance de 4 ou 5 hectares , sur lequel les vignes sont espacées d'un mètre en tous sens. Ces vignes, quoique fort vieilles , lorsqu'on les avait couchées , avaient repris par cette opération une très-belle végétation et ne paraissaient nullement avoir souffert de la sécheresse.

« La méthode introduite par M. POLETI , et qu'on nous a dit nouvelle dans ce pays , est depuis longtemps mise en pratique dans d'autres contrées , et principalement dans les départements de Maine et Loire et de la Côte-d'Or.

« M. POLETI a remis au Congrès un mémoire sur ce sujet, qui sera inséré dans la deuxième partie. Cet agriculteur nous ayant encore entretenu d'une plantation d'environ 400 pieds de vigne de 8 à 10 ans , faite par M. BLAISE dans un jardin près le chemin de la Magdeleine , nous avons dû les visiter, et nous avons remarqué qu'elles n'avaient aucunement souffert d'une transplantation faite à un âge si avancé : ces vignes placées au tour d'une tonnelle , étaient chargées de raisins. Nous devons à MM. DROGOUL et BLAISE des remerciments pour leur accueil bienveillant et empressé. »

M. CLAPIER , au nom des sections réunies , propose au Congrès d'apporter quelques modifications dans l'ordre de ses travaux. «La discussion orale, dit-il, doit tenir la première place ; c'est de la discussion que jaillit la lumière , les séances du matin ont été consacrées pour élaborer les diverses questions du programme, la lecture des mémoires a été renvoyée aux sections ; mais si ces mêmes mémoires étaient lûs de nouveau en séance générale, le Congrès perdrait un temps précieux à entendre deux fois la même lecture » ; M. Clapier propose en conséquence de réunir les sections, en séance générale du soir, pour s'occuper en commun, des travaux dévolus à ces sections par le règlement.

Cette proposition mise aux voix, est adoptée.

M. le Président invite l'assemblée à reprendre la discussion sur les questions du programme ; la première question ayant été traitée hier, la discussion est ouverte sur la deuxième ainsi conçue :

« Du choix du cépage le plus approprié au sol et à l'ex-
« position, sous le double point de vue de la production et
« de la quantité des vins. »

M. Clapier : je suis heureux que M. de Bovis, dans sa demande en rectification du procès-verbal, m'ait fourni l'occasion d'expliquer un passage de mes écrits, qui paraît avoir été mal compris : je n'ai pas prétendu que la culture de la vigne fût mauvaise en soi, bien loin de là ; elle est éminemment utile, lorsqu'elle a pour but de rendre productifs des côteaux qui, sans elle, seraient complétement stériles ; elle n'est mauvaise qu'autant qu'elle usurpe sur de bons terrains, la place de cultures plus avantageuses ; c'est sans doute cette pensée qui avait suggéré la création des anciens règlements de Provence, ordonnant qu'on ne plantât de la vigne qu'après une enquête constatant la stérilité du sol et après avoir obtenu la permission de l'intendant de la province. M. de Bovis a exprimé le désir qu'on conseillât aux propriétaires de restreindre les cultures de vigne pour laisser plus de place aux cultures fourragères, je crois que la force des choses fera ce que M. de Bovis désire ; le paysan propriétaire d'un petit champ, qui peut y consacrer un large capital de travail, plantera toujours de la vigne, sa famille mettant à sa disposition des bras pour la cultiver ; le grand propriétaire, au contraire, qui paye le travail fort cher et qui souvent manque de bras, sera conduit nécessairement a cultiver les cultures fourragères et à s'adonner à l'élève des bestiaux qui exige moins de travail et de plus fortes avances en argent.

M. le Président appelle l'attention du Congrès sur la discussion du second paragraphe du programme, dont il donne une nouvelle lecture.

M. CLAPIER fournit quelques observations sur les divers cépages cultivés en Provence : selon lui le Mourvède forme la base de tous les vignobles de ce pays, on y rencontre pareillement le brun Fourcat et l'Ugni blanc ; le Mourvède donne la couleur et le spiritueux ; le brun Fourcat, qu'on croit un plan de Bordeaux dégénéré, donne le bouquet ; l'Ugni blanc donne presque exclusivement le spiritueux. Plusieurs propriétaires ont introduit chez eux depuis quelque temps le Grenache, qui est âpre au goût, mais qui donne un joli bouquet au vin. Les vins de Bandol, étant des plus chargés en couleur, sont particulièrement recherchés par les négociants de Marseille ; ils coupent ces vins avec ceux plus légers de St-Maximin et autres lieux environnants. Ces coupages donnent de très bons résultats. L'avantage de ces vins ainsi traités, est de pouvoir traverser la ligne équatoriale, et de se bonifier dans le voyage ; les vins de Languedoc, dont la ville de Cette est l'entrepôt, n'ont pas cette faculté ; aussi, sont-ils presque exclusivement transportés dans le nord de l'Europe.

M. BOUCHEREAU : il est difficile d'indiquer le mérite des cépages qui conviennent à tel ou tel sol ; il n'y a pas d'exemple que des cépages transportés dans d'autres localités, aient conservé toutes leurs qualités primitives ; chaque localité choisit ce qui convient à son sol : dans les vignobles, où l'on a transporté des cépages étrangers, il n'en est résulté aucune amélioration importante, tout dépendant principalement du climat et de la température. Le midi ayant une température égale, on s'y préoccupe moins de la maturité, que dans le nord ; c'est Marseille, qui a reçu les variétés de vignes venues de la Grèce; ce sont les Phocéens qui les premiers ont cultivé la vigne dans les Gaules. De là, elle s'est avancée successivement dans l'intérieur où, les raisins ne murissant pas convenablement, elle fut abandonnée pour être remplacée par la vigne qu'on trouva dans les forets, dont la Gaule était alors couverte. C'est ainsi que se formèrent les cépages de nos vignobles. Les cépages de Bordeaux, transportés dans le Languedoc, ont donné un vin de bonne qualité, mais en petite quantité et très coloré, tandis que les mêmes cépages donnent des vins de faible couleur dans la Gironde.

Les vignobles de premier cru, dans le Bordelais où l'on recherche avant tout la qualité, sont plantés d'un petit nombre de cépages, produisant fort peu de raisins, composés pour la plus grande partie, de carmenets sauvignons. Les vignobles de deuxième ordre ou ceux où l'on s'attache plutôt à la quantité qu'à la qualité, sont composés de plusieurs espèces parmi lesquelles se trouvent le verdot, le carmenet sauvignon, et le gros noir. En général, les vins les plus renommés, sont produits par un très petit nombre de cépage, le vin de Bourgogne par le Pinot, celui de l'Ermitage par le Sirat.

Les cépages subissent de grandes modifications, en changeant de sol et de climats; le chassela du midi ne ressemble pas à celui de la Gironde, et ce dernier est différent de celui de Fontainebleau : reportons-le dans les localités d'où il est venu, il reprendra son premier type et ses premières qualités; étonné d'avoir vu vendanger dans le nord lorsqu'on ne vendangeait point encore dans la Gironde, je me fis donner des plans du nord, qui plantés chez moi, ont été très précoces.

M. Clarter : il n'y a dès lors aucun avantage à chercher l'amélioration des vins, dans le changement des cépages, qui transportés au loin, subissent une influence locale.

M. de Bovis : la question doit être divisée; on doit indiquer d'une part les cépages qui produisent du vin de première qualité; et de l'autre, ceux qui ne produisent que des vins de chaudière.

M. de LABAUME : on ne s'occupe pas assez de la quantité, et trop de la qualité, qui ne doit être le but du cultivateur que dans les crus vraiment renommés ; personne ne cultive la vigne pour la gloire, c'est une question économique, et à part quelques exceptions, on doit viser avant tout à la quantité.

M. CLAPIER : les raisins de table et les raisins secs appelant spécialement l'attention des viticulteurs, je demande des explications aux Membres du Congrès qui s'occupent presque exclusivement de cette production; je désirerais que l'on s'occupât aussi de la production des raisins de Corinthe.

M. NÉGREL-FÉRAUD : la panse ordinaire produit les plus beaux raisins secs; l'aragnan, la clairette, et plus rarement le pascal blanc produisent une qualité inférieure. Roquevaire fournit en raisins secs environ 4,000 quintaux métriques, produisant environ de 4 à 500,000 francs.

M. BOUCHEREAU : le midi peut produire d'excellents vins de liqueurs et de bons raisins secs ; à Malaga, ces derniers se font avec la panse muscate presque exclusivement ; quant aux raisins de Corinthe il y en a de deux espèces, le rouge et le blanc; le rouge est particulièrement cultivé en Grèce, où le blanc est peu apprécié ; le rouge au contraire donne un produit considérable. Ce cépage, transporté dans le Bordelais, y coule facilement ; le sultanier, variété aussi sans pépins, mais à grains plus gros, est cultivé à Smyrne où il est très estimé, et ce raisin est payé fort cher par les anglais, qui en exportent la plus grande partie.

M. de GASQUET : généralement, pour faire du bon vin, il convient de ne cultiver que peu d'espèces, en choisissant les meilleures. Cependant, le vin de la Gaude est produit par un grand nombre de variétés de raisin.

M. GROS le jeune : le mélange dans la vendange de raisins gâtés et de raisins verts, est la principale cause de l'infériorité de nos vins. Si nos coteaux ne produisent pas des vins de bonne qualité, on ne peut en accuser que notre incurie ; nous obtiendrions de bien plus favorables résultats, si nous avions soin de choisir des variétés, dont la maturité arrivât en même temps.

M. Bouchereau : dans la Gironde, on ne cultive dans les crus supérieurs que trois espèces, savoir : maturité hâtive, maturité ordinaire, maturité tardive. Chaque espèce est vendangée à part et à des époques différentes.

M. Clapier : pour améliorer nos vins, il est nécessaire de ne pas viser à la quantité, mais bien à la qualité, et sous ce rapport, je n'adopte point l'opinion de M. de Labaume ; en agir autrement, ce serait reculer au lieu d'avancer, nos marchés étant encombrés et nos débouchés ayant diminué, il importe d'améliorer la qualité de nos vins pour en obtenir un écoulement plus facile.

M. de Labaume : c'est là une question de finance, et l'intérêt de celui qui cultive la vigne doit lui servir de guide à cet égard.

M. Plauche : on a fait trop bon marché de nos vins de Provence, il y en a d'inférieurs, il y en a aussi d'excellents; nos vins, supportant facilement le transport d'outre-mer, sont très recherchés dans les colonies, et pour ce qui me regarde en particulier j'expédie mon vin à Paris où il est très estimé.

M. Bourgarel : pour rentrer dans la question des cépages, il serait à propos d'indiquer ceux qui donnent un vin peu alcoolique, afin d'obtenir des vins fins et légers. Je crois qu'à l'aide des espèces précoces on pourrait atteindre ce double but.

M. Pellicot : les cépages les plus hâtifs ne sont pas toujours les moins alcooliques, car le tibouren, qui est très précoce, contient cependant beaucoup d'alcool.

M. Demandols voudrait que des essais particuliers sur chaque espèce de cépage, fussent faits avec soin, afin de pouvoir fixer le viticulteur sur le choix qu'il a à faire.

M. Leroi : je pense qu'avec des soins on peut obtenir de très bons vins en Provence. Pour faire connaître les divers cépages de la localité, j'offre de faire apporter des ceps avec le raisin.

M. Poleti parlant de la durée du grenache, dit qu'il en connaît qui ont près de 30 à 40 ans d'existence, et qui sont toujours en plein rapport.

M. Clapier : je pense que nous devrions faire des vins plus légers en couleur, que par le passé ; je voudrais qu'une plantation de vignes fût faite : un tiers en Mourvèdes, un tiers en brun Fourcat et un tiers en Ugnis ou autres cépages blancs.

M. Pellicot : le Mourvède est la base de tous nos bons vins ; il tend, il est vrai, à le colorer davantage, mais le vin qu'il produit se conserve longtemps, se transporte sans s'altérer et a une saveur agréable. Il est facile du reste de diminuer l'excès de coloration par le mélange des cépages blancs ou d'autres cépages moins colorés, tel que le pécouitouar et le tibouren ; ou bien encore en laissant très peu cuver la vendange.

M. de Gasquet : au lieu de restreindre la culture de la vigne, il faut au contraire l'encourager et pousser vivement à cette culture, qui offre jusqu'à présent les produits les plus assurés et si l'on a trop planté de vignes, cela tient aux bénéfices considérables qu'elle a procuré à une certaine époque aux cultivateurs ; dans le Var toutes les fortunes agricoles des derniers temps sont dues à la culture de la vigne.

M. de Bovis : je demande si le Rivesalte n'est pas le même cépage que le Grenache ; malgré leur identité apparente, je crois que ce sont deux variétés distinctes. A l'appui de mon opinion, je dirai que le vin produit par le Rivesalte est d'une clarification difficile, tandis que le Grenache est promptement dépouillé et a un bouquet agréable.

M. Viguier donne des détails sur l'introduction du Grenache , dont les premières crocettes lui ont été adressées de Trébisonde en 1807. M. Thouin, auquel il en adressa plusieurs, leur donna cette qualification , parce qu'il reconnut qu'elle appartenaient à la famille des Grenaches. A Manosque, où ce cépage se répandit promptement , on l'appela sans pareil , à cause de ses bonnes qualités ; cueilli huit jours avant maturité complète , il fait un vin excellent ; ce cépage peut donner de grands produits pendant 40 ans.

M. de Bovis a vu réussir ce cépage dans des lieux et à des expositions diverses , même au revers nord des montagnes d'Alsace où le climat est très froid.

M. Poleti : M. de Bovis a demandé si le rivesalte et le grenache n'étaient pas un même cépage. Quelques membres ont pensé qu'ils ne fesaient qu'un.

Dans sa nomenclature si intéressante des raisins de l'arrondissement de Toulon , dont M. Pellicot vous a donné hier lecture ; nomenclature dont vous avez voté l'impression à l'unanimité , il est dit que ces deux plants sont les mêmes. Je crois qu'il y a erreur.

Le Rivesalte est originaire du Roussillon où il est connu sous le nom de *Carignane*. Cette vigne est en général réservée pour les bons terrains , et produit abondamment. Elle est peu fréquente sur les coteaux légers. Elle y donne un vin délicat, pétillant et de conserve.

Le Grenache dit *Teindurier* est aussi originaire du Roussillon , où il a été propagé partout. Il est en plein rapport la troisième année , charge prodigieusement. Ses raisins sont gros, un peu allongés et des plus juteux. Le vin est très bon ; il a le défaut de se décolorer à la troisième année , si on néglige de le clarifier , attendu qu'il est très tartareux ; les raisins ne sont pas bons à manger.

M. Demandols propose au Congrès de visiter son vignoble, qui contient la plupart des espèces du pays. M. le Président fixe cette course à samedi à une heure après midi.

M. VIGUIER propose également la visite de sa propriété, mais vu l'éloignement de celle-ci, le Congrès remercie M. VIGUIER, et exprime le regret de ne pouvoir se transporter chez-lui.

La séance est levée à midi.

BOUCHEREAU, GUILLORY aîné, PELISSIER.
J. BONNET, Secrétaire-général.

PROCÈS-VERBAL

DE LA QUATRIÈME SÉANCE,

LE 23 AOUT 1844.

Présidence de M. GUILLORY Aîné.

La séance est ouverte à 8 heures du matin.

Sont présents au bureau : MM. BOUCHEREAU , Président honoraire ; GUILLORY aîné , Président ; REYNIER et PELISSIER, vice-Présidents ; J. BONNET , Secrétaire-Général ; POLETI , LANNES et PELLICOT, vice-Secrétaires ; P. M. ROUX , de Marseille , Trésorier.

Le procès-verbal de la troisième séance est lu par l'un de MM. les Secrétaires , et ne donnant lieu à aucune réclamation , il est adopté.

M. le Secrétaire de la première section , lit le procès-verbal des sections réunies.

On dépouille la correspondance : lettre de M. BEAUME, de Nîmes , qui regrette de ne pouvoir prendre part aux travaux du Congrès , et envoie son adhésion ; lettre de M. d'AUTHIER , de Cassis , qui donne divers renseignements sur la fabrication des vins de Cassis et envoie divers échantillons.

Le Congrès vote l'impression de cette lettre (voir à la 2me partie.)

M. le Président propose de reprendre la discussion des questions du programme. On passe à la troisième question ainsi conçue :

*Des divers modes de propagation de la vigne soit par semis,
bouture ou plants enracinés : de l'espacement des plants et de
la profondeur à laquelle il convient de les mettre dans le sol.*

M. de LABAUME s'élève contre le système de plantation
par oulière avec récoltes intercalées, il pense qu'il vaudrait
beaucoup mieux choisir le terrain le plus propre à la culture
de la vigne et le consacrer en entier à ce végétal.

M. VALLET, adoptant les principes de M. de LABAUME,
dit : les produits que l'on obtient dans l'intervalle des vignes
nuit à ce végétal ; il est impossible d'obtenir du vin de bonne
qualité en entremêlant les cultures. D'ailleurs les engrais
employés pour un produit nuisent essentiellement à l'autre.

M. GROS le jeune, pense aussi qu'il faut cultiver la vigne
pour elle-même ; que l'on doit consacrer à sa culture exclusive tous les terrains en coteaux.

M. PLAUCHE combat le système de MM. de LABAUME et
VALLET. Suivant lui la culture par oulière et récoltes intercalées est excellente ; il dit que dans le midi de la France la
vigne plantée en plein ne réussit pas ; que les racines se
nuisent les unes aux autres, et cite à l'appui de son opinion
sa propre expérience ; il a fait une plantation en plein et a
été obligé de l'arracher, à 24 ans, sa vigne se trouvant tout
à fait épuisée.

M. POLETI : la vigne dont vient de parler M. PLAUCHE et
qu'il a été obligé d'arracher à 24 ans, avait elle été soignée
et convenablement fumée ?

M. PLAUCHE : cette vigne avait été seulement labourée
et n'avait jamais reçu aucune fumure.

M. POLETI : le dépérissement de cette vigne a donc été
ammené par le défaut de fumure et de soin plutôt que par
le système de plantation adopté.

M. PELLICOT : les plantations en plein de la vigne sont
très favorables à la culture de ce végétal ; cependant sur
les coteaux la vigne produit très peu en quantité.

M. CLAPIER combat la proposition de M. de LABAUME.

il soutient que de tout temps en Provence on a planté par oulières avec récoltes intercalées; que c'est un fait accompli, qu'il est un principe admis par tous les petits propriétaires, qu'il faut qu'ils récoltent, chez eux, beaucoup de produits différents, du vin, du blé, de l'huile, et qu'ils ne peuvent obtenir tous ces produits qu'en adoptant le système par oulières.

M. de LABAUME : l'on confont la culture en plein avec la culture en ligne; la question n'est pas là : il s'agit de savoir si l'on doit entremêler d'autres cultures avec la vigne ; je n'hésite pas à me prononcer pour la négative ; j'ai pour habitude de planter en ligne à 2 mètres 50 d'écartement et 90 centimètres de distance d'un plan à l'autre, je place ainsi 4,444 vignes par hectare. Par cette méthode j'économise le travail à bras et je cultive avec la charrue les intervalles des vignes jusqu'à 25 centimètres du cep. A Millau, près de Nîmes, une vigne ainsi plantée dans un bon fonds de l'espèce connue dans le pays sous le nom d'Aramon, a rendu, en 1839, 300 hectolitres par hectare en vin de chaudière, et en 1840, la même vigne a donné par hectare 378 hectolitres. Quant aux vins fins, les meilleurs crus, dans le département du Gard, ont produit en moyenne 42 hectolitres par hectare ; en 1842, les bons crus ont rendu 53 hectolitres, et en 1841 jusqu'à 63. Pour ce qui est du prix, il est excessivement variable ; dans ce moment, les vins de bouche, se vendent 108 francs les 7 hectolitres, les mêmes, qui se vendaient 43 francs l'année dernière. Les vins de chaudière sont actuellement cotés 48 fr. 50 c. la même mesure.

M. de BOVIS : le rendement en vin de chaudière énoncé par M. de LABAUME dépasserait sept litres par cep, tandis que dans les terrains les plus favorisés de la Provence, on ne peut pas obtenir au delà de trois litres.

M. PLAUCHE assure que le retranchement des racines n'est pas nuisible aux vignes; il dit qu'ayant supprimé à 50 centimètres les racines d'une partie d'un champ, il fit discontinuer cette opération, qui ayant eu lieu sur des vignes plantées peu profondément lui semblait devoir presque opérer l'effet de l'arrachage; l'année suivante la partie dont les racines avaient été coupées eut une végétation plus vigoureuse que la partie laissée intacte.

M. de Bovis : il faut faire produire à un espace quelconque le plus de vin possible, la culture à plein est plus avantageuse dans les grandes propriétés, parce que l'introduction des troupeaux dans les vignobles étant nuisible, la séparation des cultures, donne la facilité de les introduire sur les terres non plantées de vignes sans occasionner aucun dommage à ces dernières.

M. Piaget : des habitudes et des exigences particulières à la Provence l'ont mise de tout temps dans le cas de cultiver la vigne en lignes espacée par des intervalles nus plus ou moins grands.

Cette méthode particulière au pays, n'implique en sa faveur aucune préférence sur la méthode languedocienne qui est celle de tout le nord et qui est la plus rationnelle pour arriver au meilleur produit de la vigne.

M. Barthélemi fait valoir, en faveur de la méthode provençale, l'opinion de M. Lecler - Thouin qui ayant eu une mission du gouvernement, pour apprécier diverses cultures dans le midi, reconnut que la différence du terrain et de l'exposition, exigeait dans certains cas les cultures intercalaires; il approuva même cette culture, au point de vue de la physiologie végétale; il est vrai de dire qu'à l'époque du voyage de M. Lecler-Thouin on ne se servait point encore en Provence de charrues vigneronnes, ce qui peut-être aurait contribué à modifier ses idées sur les plantations de vigne.

M. de Gasquet dit que la culture de la vigne en Provence est parfaite; que c'est une merveille du pays et que l'on doit tout faire pour la maintenir.

M. Sauvaire Jourdan est d'avis qu'on respecte les usages

locaux, fondés sur l'expérience ; il constate comme un fait certain, que les propriétaires ont trouvé les plus anciens vignobles, avec des *hautains* de 4 et même de 5 et 6 rangées, on les a réduit actuellement à 2 et à une rangées. Il pense que les anciens avaient eu un motif pour planter la vigne sur plusieurs rangs; que dans ce cas, elle se défend mieux contre les vents et s'abrite mieux du soleil brûlant du midi ; les racines, il est vrai, sont entremêlées mais le renouvellement de la vigne par le provignagne est plus facile.

M. BOUCHEREAU raconte que dans le département de la Gironde les vignes étaient autrefois plantées à un mètre en tous sens, excepté dans les terrains d'alluvions. Plus tard les joalles, ou oulières, furent adoptées ; il fut reconnu que le vin récolté dans des vignobles entremêlés de joalles, était inférieur en qualité, mais plus abondant. Les bons crus ont conservé le mode primitif de plantation; dans les crus inférieurs on commença à éloigner les lignes de deux mètres; la distance s'est étendue ensuite dans quelques lieux jusqu'à 10 mètres et on a cultivé dans ces intervalles des céréales, du maïs et des légumes. Lorsqu'on met du terreau au pied des vignes des bons crus, on enlève le chevelu de peur qu'il ne forme quelques racines principales; quant aux vignes entremêlées de joalles on y porte des engrais ordinaires.

M. CLAPIER pense que le sacrifice des cultures auxiliaires, ne saurait être remplacé avantageusement par la culture exclusive de la vigne sur le terrain.

M. J. BONNET se prononce pour la plantation à un seul rang, comme la plus avantageuse pour la culture de la vigne. Ce mode paraît réunir, d'ailleurs, le plus de partisans. Il en est autrement de la question des cultures intercalées qui est encore un sujet de controverse parmi les agriculteurs. Quant aux assertions de M. SAUVAIRE sur la plantation à plusieurs rangs, cette méthode favorise trop la multiplication du chiendent : c'est pour avoir plus de facilité à

— 34 —

extirper cette plante parasite que les cultivateurs se sont décidés à planter la vigne sur un seul rang.

M. de Bovis voudrait que le Congrès formulât les modes de culture les plus avantageux, pour la grande et la petite culture.

M. Jules Bonnet : on ne doit envisager que les questions générales, si Marseille a une culture spéciale appropriée à son sol et reconnue bonne, il faut la conserver, mais on ne peut rien spécifier ; au sujet de la question de M. Vallet, s'il vaut mieux produire du vin fin ou du vin commun, M. Jules Bonnet la regarde comme ne pouvant être résolue par le Congrès. Le cultivateur consultera toujours en cela son propre intérêt. C'est évidemment une question d'argent.

M. Vallet est d'avis que les plantations en plein sont plus favorables à la qualité, tandis que celles à oulières favorisent davantage la quantité.

M. J. Bonnet : la plupart des membres qui ont pris la parole sur la plantation de la vigne sont à peu près d'accord pour reconnaître que les plantations en lignes doivent être préférées comme présentant le plus de facilité de culture, et partant la plus grande économie de main-d'œuvre.

La plantation sur un seul rang paraît aussi réunir la majorité des opinions. En conséquence, M. J. Bonnet propose au Congrès de formuler la résolution suivante :

Le Congrès reconnaît en principe que la plantation par rangées et à un seul rang est la plus favorable pour la culture de la vigne.

Cette proposition, après avoir donné lieu à une vive discussion, à laquelle ont pris part plusieurs membres, est mise aux voix et adoptée.

M. le Président annonce que le Congrès ira à une heure de l'après-midi, visiter les principaux chaix de Marseille.

La Séance est levée à midi.

BOUCHEREAU, GUILLORY aîné, REYNIER, PELISSIER,
J. BONNET. Secrétaire-général.

PROCÈS-VERBAL

DE LA CINQUIÈME SÉANCE,

24 AOUT 1844.

Présidence de M. GUILLORY Aîné.

La séance est ouverte à 8 heures du matin.

Sont présents au bureau : MM. BOUCHEREAU, Président honoraire ; GUILLORY aîné, Président ; REYNIER et PELISSIER, vice-Présidents ; J. BONNET, Secrétaire-Général ; POLETI, LANNES et PELLICOT, vice-Secrétaires ; P. M. ROUX, de Marseille, Trésorier.

Il est donné lecture du procès-verbal de la dernière séance, qui, ne donnant lieu à aucune réclamation, est adopté.

M. BARTHÉLEMY, Secrétaire de la première section, donne lecture du procès-verbal de la séance des sections réunies.

M. SIBOUR rend compte de la visite faite par les membres du Congrès dans quelques-uns des chaix de Marseille : les chaix visités sont ceux de MM. Élisée BAUX, BERGASSE, BETHFORD et VIGUIER. La grandeur des tonneaux employés dans ces établissements a surtout été remarquée. Quelques-uns de ces tonneaux, appelés *foudres*, peuvent contenir près de 400 hectolitres de vin. Le chaix de M. BERGASSE a été particulièrement remarqué par sa propreté et sa bonne tenue. La machine à dépoter placée dans le chaix de M. BETHFORD a frappé l'attention de tous les membres du Congrès qui se trouvaient à cette visite. A l'aide de cette machine, on vide une barrique, on la rempli de nouveau après avoir mesuré, avec précision, le liquide qu'elle contenait, et cela en quelques instants et sans aucune peine.

M. le Rapporteur termine en proposant des remerciments à tous ces négociants pour l'obligeance qu'ils ont mise à laisser visiter leur établissement.

M. J. BONNET demande si le Congrès ne serait pas d'avis de traiter quelques questions œnologiques; plusieurs membres pensent qu'il vaut mieux continuer l'ordre des questions du programme.

L'ordre du jour appelle, en conséquence, la troisième question du programme :

Des divers modes de propagation de la vigne soit par semis, boutures, ou plans enracinés : de l'espacement des plants, et de la profondeur à laquelle il convient de les mettre dans le sol.

M. PLAUCHE dit que dans son opinion, la reproduction de la vigne ne saurait être faite par les vignerons autrement que par bouture, mode qui donne des résultats très prompts et qui seul peut assurer la conservation de la variété de cépage qu'on veut reproduire. Il pense que cet avis ne sera pas contesté et il lui paraît inutile de le motiver par des développements. Son but, en prenant la parole, est d'appeler l'attention du Congrès sur la reproduction de la vigne par semis. On se plaint sur tous les points de la France de la dégénérescence des bons cépages, non sous le rapport de la qualité, mais sous celui de l'abondance du produit en raisins. Le seul moyen de remédier à cette altération de la vigueur des bons cépages, altération qui est due à la reproduction successive de ces cépages par bouture, est indiqué, selon M. PLAUCHE, par la physiologie végétale. Dans toutes les espèces de végétaux, l'altération des variétés ne peut se réparer que par un appel au semis; par les semis, on obtient de nouvelles variétés souvent préférables aux anciennes, et ces variétés, puisées à la source que la nature indique, sont régénérées et plus vigoureuses dans leur végétation. Mais si dans la famille des solanées, que M. Plauche dans ses développements cite pour exemple, la réproduction par semis présente des résultats dans un petit nombre d'années, il n'en est pas de même dans la famille des sarmentacées, et ce n'est qu'après 30 ans qu'on peut obtenir des résultats appréciables.

Quelques agronomes distingués, dit M. Plauche, et entr'autres M. Casalis-Allut, de Montpellier, se sont livrés à des expériences et ont obtenu des variétés nouvelles trés-intéressantes; mais ces hommes mourront, et il est peu probable que leurs expériences soient poursuivies par leurs héritiers. M. Plauche pense donc, qu'il ne faut rien attendre des vignerons eux-mêmes à cet égard; il propose au Congrès de prendre la résolution suivante :

Le Congrès émet le vœu que le gouvernement use de son influence sur les administrations locales pour que des expériences soient faites dans les principaux jardins des plantes de diverses parties du royaume, à l'effet d'obtenir de nouvelles variétés de vigne régénérées par la voie de semis.

Dans ces établissements publics, ajoute M. Plauche, les directeurs meurent, mais les établissements restent, et le directeur nouveau est naturellement appelé à continuer l'œuvre de son prédécesseur; 100 ans sont deux fois la vie moyenne d'un homme, mais ils ne sont rien dans la vie d'un peuple.

M. Bouchereau pense que la question des semis est plutôt dans le domaine de l'horticulture, que dans celui de la grande culture; elle est sans importance pour les vignerons; le semis est d'ailleurs un moyen de propagation beaucoup trop long; il faut attendre trop longtemps pour obtenir des résultats : la vigne ayant déjà près de 2000 variétés différentes, il n'y a aucun avantage à en obtenir de nouvelles.

M. Reynier dit qu'il s'est occupé longtemps de semis de vigne tant à fruits de pressoir que de table, mais que le manque de disposition, presque absolue, de la part des viticulteurs à se charger de l'expérimentation des plants vinifères qu'il a obtenu par cette voie l'ont déterminé, depuis quelques années, à ne semer exclusivement que des pepins de raisins à manger, choisis parmi les variétés les plus hâtives.

Faute d'avoir suffisamment observé, soit les gains en ce dernier genre, qu'il a fait, soit ceux dont il a été doté, par divers horticulteurs qui, comme lui, s'occupent de semis, entr'autres le respectable M. Vibert, il regrette d'être forcé de renvoyer au Congrès prochain les communications qu'il s'était proposé de faire à l'assemblée.

Relativement au vœu exprimé par M. Plauche, ayant pour objet d'*obtenir par le semis dans les principaux jardins des plantes du royaume, de nouvelles variétés de vignes régénérées*, M. Reynier fait observer que les théoriciens qui, avant l'honorable préopinant, avaient conseillé les semis de vigne, ne l'avaient fait qu'en vue de l'amélioration du cépage sous le rapport de la qualité du vin ; mais qu'il leur avait été judicieusement objecté, qu'avant de poursuivre la découverte de nouvelles variétés, il serait plus rationnel de chercher à bien connaître les diverses sortes qui existent déjà en si grand nombre, et dont la plupart peuvent satisfaire au but qu'on se propose dans cette culture. M. Plauche préconisant les semis en vue de l'amélioration du cépage sous le double rapport de l'abondance unie à l'excellence du produit, M. Reynier lui oppose qu'il rêve un mieux imaginaire ou du moins peu probable, car l'expérience démontre que, en viticulture, la qualité est constamment en raison inverse de l'abondance, soit que celle-ci dérive de la fertilité du sol, soit qu'elle résulte de la nature du cépage. En conséquence, il ne pense pas que le Congrès doive engager les directeurs des jardins publics, avares, avec raison, du sol et du temps, à courrir les chances d'une amélioration aussi problématique.

Que pour ce qui a trait aux raisins de table, vu d'abord la médiocrité notoire du petit nombre de variétés hâtives que l'horticulture possède et ensuite le débouché assuré que le perfectionnement de nos voies de communications promet à nos primeurs méridionaux, M. REYNIER pense que les semis de raisins hâtifs ne sauraient être trop encouragé.

M. VALLET pose en principe que la propagation par bouture reproduit la vigne telle quelle, c'est à dire sans dégénérescence, l'espèce et la variété se conserve exactement sauf les modifications que peuvent produire la nature du sol et son exposition, tandis que le semis tend continuellement à changer les espèces et à les faire dégénérer.

M. de GASQUET parle dans le même sens; à son avis, il n'existe déjà que trop d'espèces de raisins; le semis a d'ailleurs l'inconvénient de donner une vigne forte et vigoureuse mais qui produit très peu de fruits.

M. PELLICOT partage l'opinion de M. de GASQUET.

M. PLAUCHE reproduit sa proposition d'émettre le vœu que le gouvernement veuille bien s'occuper des semis de vignes en les faisant exécuter dans tous les jardins botanique de France : cette proposition, vivement combattue par plusieurs membres, est adoptée.

M. le Président ouvre la discussion sur la quatrième question du programme, ainsi conçue :

De la taille de la vigne, de son influence, par rapport à la durée du plant, à la production et à la qualité du vin.

M. de LABAUME, en parlant de la taille de la vigne, rend compte d'un concours qui a eu lieu dans les environs de Nismes, entre le sécateur et l'ancienne serpe dite *poudadoire*; 88 concurrents se présentèrent, 44 pour le sécateur et 44 pour la serpe; 22 des plus capables furent choisis parmi eux, et le concours ayant été ouvert, le jury, composé de 17 personnes les plus aptes à juger ces sortes de travaux, décida que l'avantage restait au sécateur. Un nouveau concours fut immédiatement ouvert entre d'eux concurrents choisis, comme les plus capables parmis les 88, et ce nouveau concours confirma pour la seconde fois, l'avantage du travail du sécateur sur celui de la serpe, soit sous le rapport de la célérité, soit sous celui de la bonne confection du travail.

M. de CHÉRON demande si l'expérience n'a fait reconnaître aucune différence dans la végétation et le produit de la vigne taillée au sécateur ou à la serpe.

M. de LABAUME répond qu'en Languedoc on n'a reconnu aucune différence.

M. POLETI rend compte des expériences faites à Marseille par le Comice agricole sur le sécateur pour la taille de la vigne ; il est résulté de ces expériences la conviction que le sécateur opérait beaucoup plus vite que la serpe.

M. PELLICOT : le Comice de Toulon a fait faire aussi des expériences sur l'usage du sécateur, et il a été reconnu que cet instrument avait un avantage immense sur la serpe. Le prix des sécateurs varie de 5 à 11 francs, prix qui est à peu près le même que les serpes du pays, avec cette différence que l'emploi du sécateur présente beaucoup moins de danger et plus de solidité.

M. BOUCHEREAU : dans le Bordelais, quand on taille à la tâche, on emploie le sécateur, parce qu'il opère infiniment plus vite ; mais lorsqu'on fait faire le travail à journée, on se sert de la serpe qui a l'avantage de mieux parer la vigne.

M. LANNES : le sécateur est d'un usage général dans le département de Tarn et Garonne, comme étant beaucoup plus expéditif que la serpe.

M. BARTHÉLÉMY donne lecture d'un passage de la brochure de M. BLANCHET qui traite de la taille de la vigne et dont il a fait hommage au Congrès.

M. DEMANDOLS : On doit donner l'inclinaison de la section

que l'on fait à la vigne en la taillant, du côté opposé au bourgeon.

M. le Président appelle l'attention du Congrès sur l'article du programme qui traite du choix des engrais propres aux vignobles.

M. Turrel : si la vigne prospère dans un terrain rocailleux, c'est qu'elle y a trouvé les éléments nécessaires à sa végétation, je voudrais que l'on analysât les terrains afin de connaître les engrais nécessaires pour y ajouter au besoin le nitrate de soude, de potasse et l'alumine : la vigne absorbe peu d'azote et l'ammoniac est nuisible à la saveur du fruit.

M. de Cheron : les vignerons ne connaissent pas la chimie et ils ne peuvent pas faire analyser le sol de leur champ.

M. Turrel dit : en Allemagne, on arrache les feuilles de vigne de suite après la vendange pour les enfouir ; ce qui équivaut à une demi fumure. Il fait ressortir en suite les avantages de l'engrais Janffret, surtout pour la vigne, et est d'avis, lorsque l'on plante sur les coteaux, d'établir l'inclinaison contrairement à la pente du coteau.

M. Barthelemy parle du terreau fabriqué par M. Turrel et de ses bons effets, ainsi que de l'engrais connu sous le nom de noir de Coudoux, suranimalisé à l'aide des matières fécales : cet engrais produit une végétation vigoureuse.

M. Piaget approuve l'enfouissement des feuilles et des sarments en verts. Les premières peuvent y être consacrées avec profit dans toutes les exploitations ou ce produit n'est point employé à la nourriture des bêtes à laine ou autres animaux. Il faut saisir pour effeuiller la vigne le moment le plus voisin de celui où la feuille tomberait elle-même, et il ne faut qu'un peu d'habitude pour le trouver. Dans le département de Vaucluse, les agriculteurs font, avec la plus grande facilité, une opération semblable sur les mûriers, dont la feuille, après avoir été cueillie une première fois pour l'éducation des vers à soie, l'est une deuxième à la fin de l'automne, pour la nourriture des bêtes à laines.

Quant aux sarments, il faut les couper au même moment que s'en fait l'effeuillage et laisser sur le cep une longueur de sarments suffisante pour que les gelée ne portent point atteinte à la taille subséquente qui aura lieu comme à l'ordinaire.

Ces sarments et ces feuilles sont enfouis immédiatement.

M. le Président ouvre la discussion sur la sixième question du programme :

De l'ébourgeonnement et de l'effeuillage ; leur influence sur la grosseur et la maturité des raisins.

M. DEMANDOLS est opposé à l'ébourgeonnement. Cependant, si l'on veut le pratiquer, dit-il, il faudrait l'opérer au mois de mai en recouvrant d'onguent de Sainte-Fiacre les plaies faites à la vigne.

M. de CHERON : cela augmente inutilement le prix de la main-d'œuvre.

M. PLAUCHE n'est point partisan de l'ébourgeonnement. Dans nos localités, dit-il, ce travail risque de faire dessécher par le soleil le raisin qu'il découvre, d'ailleurs cette opération exige des connaissances qu'on ne trouve point dans les personnes qui en sont ordinairement chargées.

M. de BOVIS : j'ai fait ébourgeonner une partie de vigne à côté d'une autre partie qui ne l'a pas été : la portion ébourgeonnée a toujours eu une végétation supérieure.

M. LE ROI : l'ébourgeonnement est utile sur les vignes fortes, et il en est bien autrement quant aux vignes faibles.

M. BARTHÉLEMY lit encore un passage de la brochure de M. BLANCHET, de Lausanne, relatif à l'ébourgeonnement.

M. GROS le Jeune : l'effet physiologique de l'ébourgeonnement est de faire porter la sève sur le fruit ; en conséquence, je suis d'avis qu'on doit la retarder jusqu'à ce que le raisin soit tout-à-fait développé.

M. Pellicot : si l'on adoptait l'avis de M. Demandols, il faudrait recommencer à plusieurs reprises l'ébourgeonnement.

M. Gros le jeune fait hommage au Congrès de quelques exemplaires de sa brochure ayant pour titre : *Mémoire sur la culture de la vigne et la vinification.*

M. le Président propose de vôter des remercîmens à M. Gros le jeune.

Cette proposition est adoptée.

M. le Président annonce que l'on ira, à une heure, faire une excursion sur la propriété de M. Demandols.

La séance est levée à 11 heures.

Bouchereau, Guillory aîné, Reynier, Pelissier.
J. Bonnet, Secrétaire-général.

PROCÈS-VERBAL

DE LA SIXIÈME SÉANCE,

24 AOUT 1844.

Présidence de M. GUILLORY Aîné.

La séance est ouverte à quatre heures du soir.

Sont présents au bureau : MM. BOUCHEREAU, Président honoraire ; GUILLORY aîné, Président ; REYNIER et PELISSIER, vice-Présidents ; POLETI, LANNES et PELLICOT, vice-Secrétaires ; P. M. ROUX, de Marseille, Trésorier.

M. le Secrétaire-général donne lecture du procès-verbal de la cinquième séance, qui, ne donnant lieu à aucune réclamation, est adopté.

M. le Président ouvre la discussion sur l'article premier de la seconde Section du programme, ainsi conçue :

Des diverses méthodes de vendanger et de fouler les raisins comparés entre elles, et de l'usage des machines pour écraser les raisins.

M. PLAUCHE : les vins de Provence sont susceptibles d'améliorations, les raisins y étant toujours dans des conditions parfaites de maturité, c'est principalement sur la vinification que doit être appelé le perfectionnement. Il revient sur ses vins et les prix élevés auxquels il les vend constamment, prix qui, à Paris, dit-il, les placent à côté de ceux du Beaujolais et des environs de Macon ; on a prétendu, que j'étais dans une exception, et cette assertion

est vraie, je suis dans une exception mais des plus mauvaises, car ma propriété est dans le terrain de Trets où sont
placés les plus mauvais crus de la contrée; les raisins sont
sujets à être volés et dans cette crainte on vendange beaucoup plutôt; quant à moi je vendange presque un mois après
les autres. Au lieu de suivre l'usage du lieu en recueillant
avec la vendange les raisins pourris et verts, je n'emploie
que ce qui est bien mûr, je ne fais commencer la cueille
des raisins qu'après que la rosée est évaporée; en deux jours
je remplis ma cuve, je laisse cuver deux ou trois jours au
lieu d'en laisser cuver dix et quelquefois plus, comme font
les paysans; la règle que je suis à cet égard est le gleucomètre; j'extrais de temps à autre un peu de moût et je
décuve dès que cet instrument marque deux degrés. Lorsque
la fermentation est lente, je jette dans la cuve du moût
concentré et bouillant pour activer, je soutire mon vin en
mars; je le clarifie avec des blancs d'œufs; en septembre, je
le mets en barriques et je l'expédie à Paris, où il reste six
mois dans l'entrepôt; mon vin est donc vendu à dix-huit
mois. Dans mes nouvelles plantations je sépare les espèces
et j'ai amélioré par la greffe les vieilles vignes.

M. de Bovis fait l'apologie des vins de Provence, qui sont
reçus sur tous les marchés du monde. Il cite comme les
meilleurs pour le transport, les vins de Bandol, auxquels
on a joint depuis quelques années, comme ayant les mêmes
propriétés celui de Pierrefeu. Nos vins, ayant des qualités
et un emploi tout spécial, nous ne pouvons demander aux
Bordelais ni aux Bourguignons des conseils utiles, les développements dans lesquels M. PLAUCHE est entré paraissent à M. de Bovis remplir parfaitement son but.

M. PELLICOT : en appelant l'attention du Congrès sur la
question du degré de maturité de la vendange, je n'ai envisagé la question que sous le rapport de la localité, mon
but a été d'obtenir sur ce sujet l'avis des praticiens habiles;
je crois que les éclaircissements que pourraient fournir

MM. du Bordelais et des autres provinces vinicoles ne peuvent être que très utiles au Congrès

M. Bouchereau : le cultivateur regardant comme le meilleur, le vin qui produit le plus à la vente, doit s'attacher à faire les qualités dont il a le débouché, les préceptes et les méthodes variant suivant les conditions, on ne peut rien déterminer à cet égard.

M. J. Bonnet, se ralliant à l'opinion que vient d'émettre M. Bouchereau, pense que le cultivateur est dans la même position que le négociant, comme ce dernier, il doit fabriquer selon le goût des acheteurs, si on lui demande des vins noirs, il faut qu'il se soumette en cela aux besoins du commerce et du consommateur, pour ne pas s'exposer à ne pouvoir vendre ses vins.

M. Vallet : au lieu d'être contempteur de l'œnologie, je voudrais que des établissements industriels fussent créés, sur une grande échelle, pour acheter les récoltes en nature, et y opérer la fabrication du vin d'une manière plus éclairée ; je pense que la Provence, étant le pays par excellence, pour produire des fruits sucrés et délicieux de toute espèce, pourrait fournir les vins les plus exquis. C'est au commerce, si puissant et si éclairé, qu'il appartient d'entreprendre le déplacement de la fabrication des vins, afin de la perfectionner.

M. Pellicot, revenant sur la question de maturité du raisin, croit avoir remarqué que le vin extrait de raisins très mûrs se conservait difficilement, la première fermentation en étant incomplète ; lorsque, au contraire, la vendange avait été faite huit jours avant la maturité complète, son vin s'est conservé sans aucune altération.

M. Reynier regrette vivement que M. le docteur Baume, de Nîmes, qui s'est occupé spécialement d'œnologie, n'ait pu prendre part aux travaux du Congrès. Il fabrique des vins qui sont extrêmement appréciés à Paris ; le *Tokai princesse* entre autres, qui lutte avec avantage avec le Tokai d'Allemagne. Ses principes d'œnologie sont de laisser extrêmement mûrir pour les vins de liqueurs et de faire couper les raisins avant maturité complète pour les vins légers et secs. Pour certains vins de liqueurs, il convient même de laisser passeriller le raisin.

M. de Chéron : en Bourgogne, la trop grande maturité nuit à la conservation et rend les vins jaunes, au reste, on ne peut fixer l'époque des vendanges, qui dépend tout à la fois de la température de l'année et du degré de latitude que l'on habite.

M. Gros le jeune approuve l'opinion émise par M. Reynier sur la maturité que demandent les diverses sortes de vins. Quant à lui, il soutire ses vins au mois de janvier et ouille tous les mois, il a fait des vins de Malaga et de Chypre dont un connaisseur n'aurait pu démêler l'origine.

M. Plauchie : en parlant de maturité je n'ai pas entendu préconiser l'excès, lorsque, par une circonstance fortuite, je me trouve dans ce dernier cas, je transvase en hiver pour enlever la lie du vin, en sorte que les fermentations successives, au lieu d'altérer mes vins l'améliorent; j'égrappe ordinairement toute ma récolte dans la proportion du tiers en modifiant cette proportion suivant le degré de maturité de la vendange.

M. Barthelemy : on a envisagé jusqu'à présent la vinification au point de vue exclusif des classes supérieures, il conviendrait cependant de s'occuper aussi des vins pour la classe pauvre.

M. Gros le jeune : il y aura toujours des vins à bas prix pour les classes inférieures, c'est ce que l'on produit le plus facilement et l'on n'a pas besoin de perfectionnement pour faire du vin inférieur.

M. Turrel : il serait du plus grand intérêt pour la Provence de produire des vins de table de bonne qualité et qui se rapprochassent des vins du Beaujolais et de Bordeaux, mais il faut pour cela atténuer le trop d'alcool contenu dans nos vins : il serait utile d'essayer si à l'aide de manipulation, soutirage, ou par tout autre procédé, on ne pourrait pas parvenir à en diminuer la force alcoolique.

M. Bouchereau combat l'opinion émise par M. Turrel et soutient que toute substance introduite dans le vin constitue une fraude et que toute fraude doit être sévèrement blâmée.

M. de Gasquet revenant à la question d'amélioration dit : perfectionner tous les vins de la contrée serait une opération très difficile, mais il pense qu'on ne saurait trop engager chaque propriétaire à soigner son vin.

M. Sauvaire-Jourdan : il ne faut pas envisager la question sous le point de vue de l'exportation seulement, mais, il faut aussi s'occuper de la consommation ; à l'appui de cette opinion, je citerai les vins de Bandol, uniquement consacrés à l'exportation et qui étaient tombés, il y a quelques années, dans une grande dépréciation, à cause du manque de débouchés à l'extérieur, tandis que les vins pour la consommation trouvaient un débit facile à un prix assez élevé : je pense donc que l'on doit tendre à se rapprocher des vins les plus recherchés pour la table.

La séance est levée à 6 heures.

Bouchereau, Guillory aîné, Reynier, Pelissier.

J. Bonnet, Secrétaire-Général.

PROCÈS-VERBAL

DE LA SEPTIÈME SÉANCE,

25 AOUT 1844.

Présidence de M. GUILLORY Ainé.

La séance est ouverte à dix heures du matin.

Sont présents au bureau : MM. BOUCHEREAU, Président honoraire; GUILLORY ainé, Président; REYNIER et PELISSIER, vice-Présidents; J. BONNET, Secrétaire-général; POLETI, LANNES et PELLICOT, vice-Secrétaires; P. M. ROUX, de Marseille, Trésorier.

Le procès-verbal de la sixième séance est lu et adopté sans réclamation.

M. Guillory aîné, en sa qualité de délégué de la Société fondatrice, fait au Congrès la communication suivante :

MESSIEURS,

« J'ai l'honneur de représenter près de vous la Société industrielle d'Angers et du département de Maine et Loire. Ce fut cette société, vous le savez, qui, la première, en 1843, songea à provoquer en France la réunion périodique des hommes qui s'adonnent à la culture de la vigne et à la production des vins. L'industrie vinicole est depuis longtemps en souffrance; les causes de ce malaise ont été diversement indiquées par plusieurs : la société industrielle d'Angers a pensé que le remède le plus efficace se rencontrerait nécessairement dans la production meilleure et qu'il fallait désormais reporter vers la qualité des vins, tous les efforts qui se bornaient à en obtenir la quantité. Ce fut là le seul but qu'elle voulut marquer aux recherches des vignerons français, les seules études qu'elle se fit le devoir d'imposer aux Congrès dont la première session se tint à Angers sous ses auspices. Toute autre discussion fut bannie des séances ; les questions d'économie politique et autres furent rejetées du cadre des travaux, et la seule pensée de l'amélioration de la culture et de la fabrication dut réunir tous les efforts que l'on cherchait à mettre en commun.

« Ce fut ainsi, Messieurs, que se constitua le premier Congrès de vignerons français qui se tint en 1842 à Angers; il se montra fidèle à son but, dont il sut ne pas s'écarter; et la seconde session, qui se tint à Bordeaux, l'année dernière, est venue consolider cette précieuse institution, en conservant les exactes limites qui lui avaient été tracées.

« Voilà, Messieurs, des questions que la nature livre à notre examen. Et croyez-le bien, elles ont leur importance; combien n'avons-nous pas encore de conquêtes à faire en tout ce qui concerne la culture même de la vigne et la fabrication du vin ! Combien de systèmes à débattre, de procédés nouveaux à juger, d'amélioration à introduire.

« Restons dans ce cercle fécond, Messieurs, nous ne pourrions que perdre à l'élargir ; et de la sorte, fidèles au but que nous ont marqués nos devanciers, nous verrons les Congrès de vignerons devenir tous les ans un centre commun, où chaque œnologue, apportant son tribut, viendra de son côté s'enrichir des conquêtes de tous; la spécialité d'une telle institution en assure la durée, et qui peut calculer les services qu'elle est appelée à rendre dans l'avenir?

« Fondé dans le nord-ouest de notre région viticole, le Congrès s'est transporté l'année dernière au sud-ouest; nous voici cette année au sud-est, et l'Italie ainsi que la Suisse doivent nous apporter l'appui de leurs lumières. Dans un an ne sentirez-vous pas le besoin d'aller demander au nord-est de cette même région, sa part d'enseignements que l'Allemagne cette fois pourra rendre plus précieux par son voisinage. Plus tard il conviendra sans doute de revenir au centre de nos départements viticoles, et l'on donnera ainsi satisfaction entière au vœu émis l'an dernier à Bordeaux, pour que le Congrès allât tenir une de ses sessions à *Toulouse*, *Lyon*, ou autre localité qui dans les circonstances les plus favorables présentera des moyens d'organisation.

« L'itinéraire que nous nous permettons d'indiquer ici, Messieurs, n'est pas tracé par une frivole fantaisie ; c'est le résultat de nos plus sérieuses méditations.

« Après être venu sous votre beau ciel étudier vos riches cultures, le Congrès se rapprocherait de l'Allemagne, et, vous le savez, l'Allemagne peut nous donner l'exemple dans la voie du progrès. Les vignerons allemands ont eu déjà cinq réunions annuelles et déjà j'ai eu l'honneur d'entretenir le Congrès de quelques-uns de leurs travaux. La sixième assemblée va se tenir au centre du Palatinat (Bavière Rhénare), dont les vins ont une si grande renommée, à Durkheim, petite ville entourée des beaux vignobles, de Subach, d'Ungstein et de Kalastadt (1).

« J'ai parlé surtout, dans les précédentes sessions, des réunions d'Heidelberg, de Mayence et de Vurtzbourg. Celle de Stutgard, dans le Wurtemberg, a été l'objet d'un rapport que j'ai déposé sur votre bureau, au nom de M. Sébille-Auger, de Saumur, secrétaire-général de notre première session : permettez-moi de vous entretenir un instant des travaux du Congrès de Trèves (Prusse-Rhénare), qui a tenu ses séances du 6 au 9 octobre 1843.

---

(1) M. de Vride, gouverneur de la Bavière-Rhénare à Spire, a été désigné pour présider ce congrès, et M. Rodolphe Christmann, conseiller de la ville à Durkheim, doit remplir les fonctions de secrétaire-général.

« La liste des membres de ce Congrès et des délégués des Sociétés savantes comprent 92 noms ; 75 appartiennent à la Prusse, 11 à la Bavière, 2 au duché de Bade, 2 au Luxembourg, 1 au Wurtemberg et 1 à Nassau (1). La session s'est ouverte sous la présidence de M. de Haw, maire et conseiller provincial. La marche suivie pour les travaux a été la même que dans les précédentes réunions.

« Une exposition intéressante avait lieu dans une des salles du Casina, où se tenaient les séances. C'étaient des raisins, des branches de vigne, des échantillons de vins, des outils et des modèles de divers genres.

« Il résulte de l'indication des travaux des sections que dans la première séance, M. le Commissaire Mohr, fit au nom de M. le Comte de Babo de Manheim, un rapport général sur les travaux de la section vinicole.

« Les diverses questions traitées dans la première séance de la section vinicole furent relatives à l'influance de la couleur des vins sur la richesse en alcool ; à la fermentation vineuse dans des cuves couvertes ou découvertes ; à l'écumage du moût ; aux avantages du séjour jusqu'en mars du vin sur la lie ; à l'altération du vin passé à l'aigre ; à l'efficacité de l'emploi du plâtre ; à l'influence de la grandeur des vaisseaux sur la fermentation du moût, et aux marchés de vins dans les centres de consommation.

« Dans la deuxième séance, M. Muhl, de Trèves, com-

(1) A Heidelberg où eut lieu le premier Congrès, on comptait 96 membres ; à Mayence 161, dont 116 de Hesse-d'Armstadt, 1 de Hesse-Castel, 23 de Nassau, 10 de Bade, 6 de Bavière, 2 de Francfort, 1 de Prusse, 1 de Sana, 1 de Wurtemberg ; à Wurtzbourg 153, parmi lesquels 131 Bavarois, 8 Badois, 5 Wurtembergeois, 5 Hessois et 4 de Nassau ; à Stugard, 82 seulement ; comme notre Congrès de Bordeaux la liste n'en fut point imprimée dans les actes.

muniqua un mémoire sur l'état de la culture de la vigne sur la Moselle et la Sare. On s'occupa ensuite de l'influence qu'exerce le sol sur les vignes, de leur amendement par la Marne, de l'influence de l'usage de la bière sur la consommation du vin, des diverses espèces de pressoirs et particulièrement du pressoir à vis, de celui à encaissement fermé et du pressoir hydraulique, enfin de la plantation de la vigne en crossettes ou en chevulus au moyen de plantoir et de la bêche.

« On s'occupa pendant la troisième séance de la taille, des diverses modes de greffe, des moyens de juger la qualité du vin sur le moût, de la recherche du bouquet attribué principalement à la pellicule du raisin, de la fâcheuse influence de la taille à long bois sur la qualité des vins, des diverses sortes d'engrais les plus avantageux à la vigne et du produit de la vigne Lacryma-Christi.

« M. de Babo y communiqua de curieuses observations sur l'influence des diverses natures du sol sur la végétation des vignes, ainsi que sur l'influence de la couleur du vin sur la quantité d'alcool indiquée par le pèse-liqueur.

« La seconde section s'occupa avec soin de l'examen des objets exposés et de la dégustation des vins ; son rapport fut présenté par le directeur général Kœpp.

« Quatre des questions portées au programme n'ayant pu être mises en délibération, furent renvoyées au Congrès de 1844 à Durkheim.

« La première séance générale ouverte par un discours du président M. Haw, avait été employée à l'élection du vice-président et au choix des chefs de sections.

« La seconde séance générale fut consacrée à l'audition des rapports divers des sections, à la fixation du lieu du prochain Congrès et à l'élection du président et du secrétaire-général de ce Congrès. Un discours d'adieu termina cette réunion.

« L'examen du compte-rendu du Congrès de Trèves, nous a révélé qu'outre l'existence de la société vinicole de Moselle et Sare , il existe d'autres associations du même genre en Allemagne , et notamment à Gratz , en Styrie , province dans laquelle la récolte annuelle des vins , dont quelques-uns participent de la qualité de ceux du Rhin , est évaluée à 343,946 hectolitres ; et à Prague , dans la Bohême , qui produit seulement annuellement 15,860 hectolitres de vin.

« Ainsi nos voisins nous ont encore devancés en créant ces associations qui n'existent point en France.

« Il faut remarquer en outre que la Société royale de Saxe possède à Dresde une section vinicole. Plusieurs Sociétés savantes ont adopté cette innovation en France , et nous pouvons citer aujourd'hui celle d'agriculture de la Gironde , de l'Hérault , la Société industrielle d'Angers et sans doute plusieurs autres encore.

« Ainsi , Messieurs l'Allemagne nous précède sans cesse dans la voie de ces utiles créations ; l'Allemagne sans doute a beaucoup plus à faire que nous , favorisés que nous sommes par la nature et le climat ; mais nous ne devons pas nous laisser dépasser par les progrès de nos rivaux , et tous nos efforts doivent tendre à maintenir la juste réputation de supériorité dont nous sommes en possession depuis un temps immémorial.

« C'est en améliorant sans cesse la culture et la fabrication que nous resterons les maîtres de cette riche industrie , et tel doit être l'unique but de ce Congrès. Lorsqu'elle en provoqua l'institution en France , la Société industrielle d'Angers comprit tout ce que ces réunions annuelles pouvaient avoir d'intérêt et d'avenir pour les producteurs de vins, et vous rendez, vous-même, un juste hommage à cette pensée par votre présence en ces lieux.

« Représentant, près de vous, de la Société qui fonda ces Congrès, je mettrai tous mes soins à remplir dignement le mandat qui m'a été confié, et à seconder de mon pouvoir vos intéressants travaux ; je serai sûr en vous quittant, Messieurs , de rapporter à mes collègues le fruit de vos lumières et les agréables souvenirs que me laisseront les hommes distingués venus de toutes parts à ces utiles réunions. »

M. Piaget rend compte de l'excursion faite à la propriété de M. Demandols : les membres du Congrès qui s'y sont rendus, y ont reconnu les différens cépages cultivés dans les environs de Marseille : cette propriété a du reste été trouvée en bon état de culture.

L'un des Secrétaires rend compte de la séance de dégustation, à laquelle la plupart des membres du Congrès ont assisté.

La salle des réunions des sections avait été choisie pour l'exposition des vins et des autres objets envoyés au Congrès, et dont voici l'émumération :

1° Une corbeille de raisins de diverses espèces cultivés dans le pays, et envoyée par M. Leroy, membre du Congrès.

Ces raisins ont été jugés de bonne qualité, mais non encore assez murs.

2° Quelques raisins, dont l'espèce a été importée de Hongrie par le comte Odart, sous le nom de *Czerna noir* ; ces raisins avaient été exposés par M. Reynier, d'Avignon ; leur goût a été justement apprécié.

3° Une corbeille Chasselas exposés par M. Jules Bonnet, qui ont été trouvés très murs et très délicats

4° Des feuilles de vignes obtenues de semis par M. Vibert, et que cet habile cultivateur avait envoyées au Congrès.

5° Un modèle de greffe anglaise pratiquée sur un cep de vigne : cette greffe a vivement intéressé divers membres du Congrès et donné lieu à de nombreuses observations.

6° Un plan de pressoir circulaire envoyé par M. Hallié, de Bordeaux ; ce plan a attiré l'attention de plusieurs membres du Congrès ; une discussion s'étant établie sur les avantages de ce pressoir, M. de Chéron a donné la description d'un pressoir troyen dont on fait généralement usage dans les vignobles de Chablis. Plusieurs membres ayant fait l'éloge des pressoirs en usage dans diverses localités, la discussion est devenue générale sur ce point, sans arriver à une solution.

M. le Président a annoncé qu'on allait passer à la dégustation des vins. 24 échantillons de vins de diverses localités, ont été déposés ; ils ont été divisés en deux classes : la première sous la dénomination de vins de table, rouges et blancs ; la seconde sous celle de vins de liqueur ; chaque échantillon a été ensuite numéroté et étiqueté et le nom du propriétaire, ou de l'exposant caché, afin que le jugement à porter sur ces vins fût exempt de toute influence.

Première classe :

Vins de table, rouges et blancs.

Echantillon n° 1, vin rouge d'une feuille, provenant du quartier de St-Loup, près Marseille. Ce vin a été trouvé clair, léger, mais un peu passé. (Exposant M. Bouet, propriétaire.)

N° 2. Vin rouge de 1832, produit du mourvède pur, provenant des environs d'Aubagne. Ce vin a été jugé d'excellente qualité, très moelleux, semi-liquoreux, bon vin de dessert. (Exposant M. Jules Bonnet.)

N° 3. Vin rouge de deux feuilles, provenant du quartier de St-Jérôme, près Marseille ; ce vin est arrivé évanté. (Exposant M. Albrand.)

N° 4. Vin rouge de 1842, produit du sirah, provenant du quartier de la Nerthe, près Marseille. Bon principe de vin, Nerthe-Ermitage. (Exposant M. Berton.)

Nos 5 et 6. Vins blancs de 1837 et 1843, provenant de Cassis, arrivés détériorés. (Exposant M. Michel.)

N° 7. Vin blanc de 1828, produit de l'Ugni, provenant des environs d'Aubagne : bon vin blanc. (Exposant M. Jules Bonnet.)

Nos 8, 9 et 10. Vin blanc de 1833, 1839 et 1843, provenant de Cassis : bon vin , mais non fondu. (Exposant M. d'HAUTIER.)

Nᵒ 11 et 12. Vin blanc de 1839 et 1842 , provenant de Chablis, vins légers et délicats , celui de 1842 a été trouvé très supérieur à 1839. (Exposant M. de CHÉRON.)

Nᵒ 13. Vin rouge provenant de Sainte-Marguerite , près Marseille , pas assez limpide pour être jugé. (Exposant M. DEVOULX.)

Nᵒ 14. Vin rouge de 1844 , provenant de Lourmarin (Vaucluse) , arrivé détérioré. (Exposant M. PIAGET-IMER.)

Seconde classe :

Vins de liqueur et vins mousseux.

Echantillon nᵒ 1. Vins de 1836, façon Madère, provenant de Cassis, a été trouvé n'avoir pas le caractère du Madère (exposant M.........

Nᵒˢ 2 et 3. Vin muscat rouge doux , 1833 et 1844 provenant de Cassis. Bon vin, distingué , excellent et qui gagnera avec l'âge , ses principes constituants se confondant ensemble. (Exposant M. d'HAUTIER.)

Nᵒˢ 4 et 5. Vin muscat rouge, doux , 1837 et 1844 , provenant de Cassis , bonne qualité mais inférieur aux précédents. (Exposant M. MICHEL.)

Nᵒ 6. Vin de Tokaï produit du Furmin, recolté à Nîmes; il excelle par sa finesse, son moelleux et sa délicatesse , et promet de se perfectionner encore avec l'âge. (Exposant M. le docteur BAUME.)

Nᵒˢ 7 et 8. Vin cuit , 1839 et 1842 , provenant des environs d'Aix , a été trouvé très bon comme vin cuit. (Exposant M. GROS le jeune.)

Nᵒˢ 9 et 10. Vins mousseux de Chablis , très bons , légers et pouvant supporter avantageusement la comparaison avec les vins de Champagne. (Exposant M. de CHÉRON.)

Après ce compte-rendu, écouté avec la plus grande attention, M. le secrétaire-général fait connaître les Sociétés savantes, qui sont représentées au Congrès :

Académie royale d'Aix : M. VALLET, conseiller à la Cour Royale de cette ville.

Société industrielle d'Angers : M. GUILLORY aîné.

Comice Agricole d'Aubagne : MM. SIBOUR, SAUVAIRE-JOURDAN et CABNAVANT.

Société Linéenne de Bordeaux : M. BOUCHEREAU, conseiller de Préfecture.

Société d'Agriculture de la Gironde : M. PELISSIER, secrétaire-général de cette société.

Société d'Agriculture du Gard : M. G. de LABAUME, président de cette société, conseiller à la Cour Royale de Nîmes.

Comice Agricole de Moissac : M. LANNES, secrétaire de ce Comice.

Comice Agricole de Toulon : M. PELLICOT secrétaire de ce Comice.

Association Agraire de Turin : M. MAGNONE.

Société d'Agriculture du Var : M. de GASQUET.

Société d'Agriculture de l'Allier ; cette société a envoyé son adhésion.

Le Comité central d'agriculture de la Côte-d'Or a également envoyé son adhésion.

On reprend la discussion sur les questions du programme.

M. de BOVIS, revenant sur la proposition faite la veille par M. VALLET, pense que le Congrès doit recommander au commerce, la mise à exécution de cette proposition; il croit que cela produirait de très bons effets.

M. VALLET donne de nouveaux développements pour faire ressortir les avantages de sa proposition, ayant pour but la fondation de grands établissements œnologiques, qui pourraient s'occuper d'une manière rationnelle de la fabrication du vin, en achetant les raisins des propriétaires ; de cette manière ces derniers se trouveraient débarrassés de toute la manipulation de leur vendange. La création d'établissements industriels de cette nature procurerait , selon M. VALLET, de grandes améliorations dans la fabrication de nos vins , et il se propose de publier plus tard toutes les idées qu'il vient d'émettre à ce sujet.

M. de BOVIS dit qu'il y a tout à gagner à vendre les raisins ; les propriétaires éviteraient par là tout le soucis et la peine que leur donnent la vente et la conservation de leur vin. Il pense comme M. VALLET que si ces établissements existaient , nos vins acquéraient des qualités supérieures , et il demande, en conséquence, que le Congrès encourage par son appropriation la création de ces établissements.

M. PLAUCHE , s'associant aux idées de M. de BOVIS , appuie sa proposition , qui ne peut produire que de très bons résultats

Après avoir entendu différents membres sur cette question, le Congrès donne son approbation à la proposition faite par M. VALLET ayant pour but la création de grands établissements industriels , où les propriétaires pourraient venir vendre leurs raisins.

M. le Président, avant de lever la séance, annonce que le Congrès va immédiatement se transporter sur le domaine de M. Jules BONNET.

La séance est levée à midi.

BOUCHEREAU, GUILLORY aîné, REYNIER, PELISSIER,
J. BONNET, Secrétaire-général.

PROCÈS-VERBAL

DE LA HUITIÈME SÉANCE,

26 AOUT 1844.

Présidence de M. GUILLORY Aîné.

La séance est ouverte à 8 heures du matin.

Sont présents au bureau : MM. BOUCHEREAU, Président honoraire ; GUILLORY aîné, Président ; REYNIER et PELISSIER, vice-Présidents ; J. BONNET, Secrétaire-général ; POLETI, LANNES et PELLICOT, vice-Secrétaires ; P. M. ROUX, de Marseille, Trésorier.

Le procès-verbal de la septième séance est lu par le Secrétaire-général, et adopté sans réclamation.

M. le Président propose au Congrès de délibérer sur le choix à faire de la ville où devra se tenir la quatrième session du Congrès de vignerons, il rappelle que le comité central d'agriculture de la Côte-d'Or, a demandé que la quatrième session eût lieu à Dijon ; quelques membres proposent Toulouse, d'autres désireraient que le Congrès se tint à Lyon.

M. le Président propose l'adoption de la résolution suivante :

L'assemblée décide que la quatrième session du Congrès de vignerons français, aura lieu à Dijon, (Côte-d'Or), en 1845 ; que le comité central d'agriculture de la Côte-d'Or est chargé de la formation de la commission d'organisation, ainsi que du choix du Secrétaire-général et du Trésorier du Congrès.

Cette session devra s'ouvrir du 10 août au 15 septembre 1845, de manière à ce que l'on puisse assister au Congrès scientifique de France, s'ouvrant du 1er au 15 septembre.

La commission d'organisation de la troisième session est autorisée à prendre les dispositions que nécessiteraient des circonstances imprévues ; elle devra aider de son expérience la commission d'organisation de la quatrième session et lui transmettre une copie de la présente délibération.

La commission d'organisation de Marseille est chargée de régler les recettes et les dépenses de la troisième session, ainsi que de la publication des documents résultant des travaux du Congrès. En cas d'insuffisance de fonds, plein pouvoir lui est donné de n'insérer que par extrait ou analyse, même supprimer entièrement ceux des mémoires, notes ou rapports, comme elle le jugerait convenable.

Cette commission veillera à ce qu'il soit fait une distribution exacte, à tous les membres du Congrès, du compte-rendu de la troisième session. Des exemplaires seront adressés à MM. les ministres de l'intérieur et de l'agriculture, aux sociétés royales et centrales d'agriculture et d'horticulture de Paris, aux principaux journaux agricoles de cette ville et à toutes les sociétés savantes du Royaume.

Cette résolution ayant été mise aux voix par le Président est adoptée sans réclamation.

M. Aubergier père fait un rapport sur l'excursion faite la veille à la propriété de M. J. Bonnet ; abandonnant le système de plantation à plusieurs rangs, cet agriculteur a adopté les plantations par rangées à un seul rang; nous avons vu, dit le rapporteur, des vignes ainsi plantées depuis 25 et 30 ans de la plus belle venue et chargées de raisins, bien que l'année ne fût pas des plus favorables : le plan d'Alicante ou Tinto a surtout frappé l'attention de tous les visiteurs, par sa vigueur, sa beauté et le nombre de ses raisins; ce plan se rapproche beaucoup du *mourède*, mais il est plus productif que ce dernier et donne un vin d'une belle couleur ; le grenache et surtout le mourvède sont les cépages les plus répandus dans les vignobles de M. BONNET. Les belles plantations de mûriers qui lui fournissent assez de feuilles pour élever 40 onces de vers à soie, ont aussi attiré l'attention des visiteurs.

Mais ce qui les a le plus frappés, c'est le défrichement des vignes dans les bas fonds ; la profondeur des labours, leur bonne confection, l'amendement du sol par l'écobuage et sa transformation en prés : ceux établis depuis un an et deux ans, présentent les plus beaux résultats. Tous ces travaux et la bonne tenue du domaine de M. BONNET, dénotent l'homme d'intelligence et de progrès, qui préside à leur exécution ; nous devons, dit en terminant M. le rapporteur, des remerciments à M. BONNET pour l'accueil bienveillant et cordial, qu'il a fait à tous les membres du Congrès qui sont allé lui rendre visite.

M. le Président : un grand nombre de membres ayant demandé la clôture de la session, il serait à propos, en reprenant la discussion des questions du programme, d'abréger autant que possible les dissertations de manière à ce que cette séance, pût être la dernière ; je propose de renvoyer à la session suivante, les questions qui n'auraient pu recevoir de solution dans celle-ci.

M. POLETI demande des renseignements sur la manière de vendanger et de faire le vin dans les bons vignobles de France ?

M. BOUCHEREAU : dans la Gironde on opère tout différemment que dans le midi de la France, les celliers sont tout autrement disposés : le raisin ramassé, se transporte sur des charrettes dans des vases de bois, on décharge la vendange de toute la journée, dans le pressoir, qui est une pièce de 10 mètres carrés, et l'on foule le jour même ; à mesure que le vin coule, on le transporte dans le cellier. Quelques personnes avaient pensé qu'en foulant trop les raisins, cela nuisait à la qualité du vin, il est de fait que plus on foule, plus le vin est coloré, la question du foulage et de l'égrappage est très controversée. Les uns foulent beaucoup, les autres pas du tout. Pour vendanger on attend que les raisins aient acquis la maturité la plus complète, ils ne sont jamais trop mûrs ; le foulage s'opère par le piétinement des hommes ; le point de décuvaison se détermine par la dégustation, dès l'instant que le moment de décuver est arrivé on l'opère de suite, même pendant la nuit, s'il le faut. Les raisins rouges se vendangent sans discontinuité, une fois que l'on a commencé, en choisissant cependant les plus mûrs ; les raisins blancs, au contraire, sont vendangés à divers intervalles, on reste quelquefois un mois pour vendanger tout un cru.

M. le Président donne lecture de la troisième question de la deuxième section du programme, ainsi conçue :

Des divers systèmes de cuves, fermentation à vases clos ou à l'air libre, durée de la fermentation, appréciation de ses diverses phases et détermination du moment le plus favorable pour la décuvaison.

M. LEROY demande s'il vaut mieux faire fermenter le vin en vase clos ou à l'air libre.

M. BOUCHEREAU : on a essayé dans la Gironde, l'une et l'autre méthode, et on n'a reconnu aucune différence ; on a soin de ne point laisser tremper le marc dans le vin et l'on soutire dès que le chapeau de la cuve est affessé.

M. VALLET demande si l'on doit préférer les cuves en bois aux cuves en pierres ?

M. LEROY se prononce pour les cuves en briques.

M. GROS le jeune : les cuves en bâtisses doivent avoir la préférence ; dans les grandes exploitations les cuves en bois ne sauraient suffire pour contenir toute la vendange.

M. VALLET objecte contre les cuves en pierres de ne pouvoir maintenir le calorique, les cuves en bois communiquent au contraire plus de chaleur ; adoptant l'opinion de

M. Gros le jeune , il pense que les cuves en pierres doivent être adoptées dans les grandes exploitations et celles en bois dans les petites, ou mieux encore, que les cuves en pierres doivent être consacrées aux vins communs et celles en bois aux vins fins.

M. Poleti pense qu'il conviendrait de couvrir les cuves en bâtisse , pour maintenir la fermentation.

M. Pellicot demande si au lieu d'accélérer la fermentation, il ne conviendrait pas de la retarder.

M. Viguier : la fermentation la plus prompte est la meilleure.

M. Gros le jeune : la fermentation en vase clos, est beaucoup plus tumultueuse qu'à l'air libre.

M. Bouchereau : en exposant le système suivi dans la Gironde, je n'ai point émis une opinion personnelle sur les vases clos ou à l'air libre; mais je me suis borné à citer un fait : à Bordeaux on fait une distinction entre le cuvier et le chaix ; le cuvier renferme les cuves et le pressoir, les cuves sont en bois; le chaix est l'endroit où l'on place le vin pour le conserver ; il y a deux manières de faire les vins blancs ; dans quelques localités on foule le raisin comme le rouge , dans d'autres on le presse sans le fouler. Quant au vin rouge, on presse toujours après la fermentation.

M. le Président : dans le département de Maine-et-Loire, on foule la vendange et on la presse de suite ; quelques propriétaires pressent à plusieurs reprises pour se dispenser de fouler.

M. de Chéron : autre fois en Bourgogne on se servait de pressoirs de 30 mètres , mus par 16 hommes , et sur lesquels on pouvait fouler 60 hectolitres de vin , ce travail durait 6 heures. Le nouveau pressoir est plus économique et on en obtient du vin plus blanc.

M. Gros le jeune fait valoir les avantages que l'on obtiendrait de l'emploi de presses hydrauliques ; l'on peut se les procurer pour le prix de trois mille francs.

M. Leroy : l'orsque le vin a bien fermenté, on peut sans inconvénient le renfermer dans des vases en pierres, surtout s'ils sont hermétiquement fermés ; mais si la fermentation insensible n'est pas terminée, il pourrait y avoir de graves inconvénients.

M. Plauche : l'on doit donner la préférence aux vases en bois, le vin s'y conserve beaucoup mieux que dans les vases en pierres.

M. Viguier repousse aussi les vases en pierres, qui selon lui détériorent le vin ; il prétend que les vases en bois, quand ils sont bien soignés, l'améliorent sensiblement.

M. le Président, vu l'importance de la sixième question, propose de la renvoyer à la quatrième session ; cette proposition est adoptée : la discussion est ouverte sur la septième question ainsi conçue :

Des préparations et mélanges que subissent les vins dans les grands établissements destinés au commerce des vins pour les rendre propres à la consommation des divers pays où ils sont exportés.

M. Vallet s'élève avec force contre tous les établissements de cette nature et contre les chaix en particulier, dans lesquels selon lui, on fait subir aux vins divers mélanges qui nuisent à sa qualité et qui lui enlèvent ses propriétés particulières ; il voudrait qu'on l'exportât directement sans passer par l'intermédiaire de ces établissements.

M. Viguier, prenant la défense des chaix de Marseille, nie formellement qu'on fasse dans ces établissements aucun mélange nuisible à la santé et qu'on y ajoute aucune substance étrangère au vin ; sans l'établissement des chaix, dit-il, nos vins n'auraient pu supporter les voyages, ce sont eux qui les ont rendus transportables et les ont expédiés sur tous les marchés du monde, où ils sont justement appréciés.

M. Poleti partage l'opinion de M. Viguier. Il importe, dit-il, de ne pas laisser peser plus longtemps l'anathème dont on vient de frapper les chaix. Appelé par la nature de mes fonctions [1] à vérifier quelquesfois les vins des chaix, signalés à l'autorité supérieure comme sophistiqués, l'analyse a toujours prouvé que ces vins ne contenaient aucune drogue ni corps étrangers qui pût donner lieu à des poursuites judiciaires.

M. PLAUCHE : M. BERGASSE est le fondateur des chaix à Marseille ; en établissant le premier chaix en cette ville, il a rendu le plus grand service au commerce et à l'indutrie vinicole : aucune sophystification nuisible n'a lieu dans ces établissements ; les clarifications s'opèrent avec la colle de poisson ou les œufs ; si quelque commerçant, peu consciencieux, a pu se livrer à des sophistications dangereuses, c'est une exception et ce n'est pas la règle générale.

M. BOUCHEREAU : les grands établissements industriels et les chaix en particulier, sont d'une haute nécessité ; il ne faut pas confondre les négocians qui honorent le commerce, avec ceux qui le déshonorent ; toute imitation, dit-il, est une fraude à mes yeux, une falsification que l'on doit réprouver.

M. BONNET : la discussion qui vient d'avoir lieu fera connaître la juste réprobation dont est frappé le falsificateur sous quelque manteau qu'il se cache ; mais, en jetant le blâme sur ceux qui ne craignent pas de compromettre la santé publique, honorons ceux qui font un commerce loyal et honnête, émetons le vœu que le gouvernement s'occupe, dans le plus bref délai possible, de la loi sur les falsifications du vin et que dans l'intérêt de tous, commerçants et producteurs, cette loi soit promptement rendue.

M. PELISSIER : il est vrai de dire qu'on ne trouve plus que fort peu de vins francs ; les vinicoles de l'ouest et du midi se sont émus, ils se sont adressés aux hommes d'état, au roi

---

[1] M. POLETI est commissaire de police à Marseille.

même; justice leur a été promise contre les manipulateurs de vins. M. PELISSIER se joint en conséquence à M. BONNET, pour demander que le Congrès émette le vœu que le gouvernement s'occupe sans délai de la loi sur la falsification des vins. Cette proposition, mise aux voix, est adoptée par acclamation.

M. J. BONNET : arrivés à la fin de nos travaux, qu'il me soit permis, Messieurs, de vous remercier de la bienveillance et de l'indulgence que vous avez bien voulu m'accorder, dans l'accomplissement des fonctions dont vous m'aviez honoré, en m'appelant au poste de Secrétaire-général ; heureux si par mon zèle et ma bonne volonté j'ai pu vous montrer combien j'étais reconnaissant de cette distinction. Je remercie en particulier mes honorables collègues du bureau pour le concours actif et puissant qu'ils n'ont cessé de me prêter, ils ont ainsi contribué à rendre ma mission aussi facile qu'agréable : les témoignages de sympathie que j'ai reçus, les liaisons amicales que j'ai formées au milieu d'agriculteurs et de savants d'un mérite aussi distingué, rappelleront toujours à mon souvenir les courts moments que nous avons passés ensemble, au sein de notre réunion à Marseille.

M. le docteur P.-M. ROUX, Trésorier, s'adressant ensuite aux Membres du Congrès, leur a dit :

« Messieurs,

« En présence de viticulteurs, d'œnologues d'une expérience consommée, la prudence me préservait de garder le silence, et désirant profiter de leurs communications, je n'avais d'autre rôle à jouer que celui d'auditeur attentif. C'est ce que j'ai fait pendant toute la durée de cette session. Mais au moment de voir se séparer tant d'hommes recommandables, je ne saurais me dispenser d'élever la voix pour leur faire de tendres adieux. Non que je cherche par cette manifestation, à donner à penser que j'ai su mieux qu'un autre apprécier leur mérite; loin de moi cette prétention; j'ai voulu , puisque l'an dernier j'ai eu la satisfaction d'obtenir que le Congrès de vignerons français , dont j'étais vice-président , se réunirait cette année dans notre ville , j'ai voulu , dis-je , témoigner ici à ceux-là mêmes qui me secondèrent le plus dans cette vue , notamment à M. Bouchereau , président honoraire , et à M. Guillory aîné , président du Congrès, toute la reconnaissance de la Société de Statistique dont j'étais le délégué à la deuxième session et du Comice agricole de Marseille , auquel depuis j'ai eu l'honneur d'appartenir. C'est qu'il nous est permis de considérer comme un évènement de la plus haute importance , l'arrivée d'un Congrès éminèmment utile , au milieu de nous , Marseillais.

« Cette arrivée ne servirait-elle , indépendamment des précieux résultats obtenus, quant à notre viticulture et à la fabrication de nos vins , qu'à faire bientôt choisir Marseille comme réunissant toutes les conditions favorables à la tenue du Congrès scientifique de France , nous aurions à nous féliciter d'un tel acheminement. Or, vous tous , et surtout vous, Messieurs les étrangers, qui avez bien voulu répondre à notre appel , vous direz s'ils peuvent compter sur notre hospitalité , sur nos cordiales sympathies , les hommes de progrès qui, comme vous, seraient conduits chez nous par la généreuse pensée de nous communiquer leurs lumières.

« Recevez , Messieurs , nos sincères remercîments pour ce que nous vous devons, et l'expression de notre regret que les instants que nous avons passés ensemble , aient été si cours. Soyez sûrs que Marseille vous tiendra compte de votre empressement à vous rendre au premier Congrès qui se soit assemblé dans son sein. Croyez bien que nous n'oublierons jamais que vous sûtes captiver notre attention, presque tous par l'exposé de principes, fruits de vastes connaissances pratiques , et plusieurs en ayant associé le prestige de l'éloquence au langage de la vérité. Croyez , en un mot , que nous conserverons le souvenir du bonheur et de la joie que votre venue nous a fait éprouver. »

M. PELISSIER , dans une courte allocution , remercie l'assemblée de la distinction dont il a été l'objet par sa nomination à la vice-présidence , honneur qu'il rapporte à la Société d'agriculture de Bordeaux dont il est le représentant. M. PELISSIER exprime , au nom de tous les Membres étrangers , combien ils ont été sensibles à l'accueil bienveillant et empressé qu'ils ont reçu à Marseille , et dont ils emportent les témoignages les plus flatteurs.

M. le Président se lève et prononce le discours suivant :

« Messieurs ,

« Nos travaux sont terminés ; le moment des adieux arrive ; permettez-nous de vous adresser les nôtres et de vous dire les profonds regrets que va nous laisser une si prompte séparation.

« Appelé à l'honneur de présider vos travaux , j'ai trouvé cette mission facile , entouré comme je l'étais , et soutenu par votre constante bienveillance ; le zèle que vous avez montré sans relâche a doublé mon courage et l'affectueuse urbanité de vos discussions ne m'a laissé de soin , que celui de vous écouter , de vous applaudir.

« Je conserverai de cette assemblée de touchants et durables souvenirs , ceux des honorables distinctions dont vous m'avez fait l'objet , ceux des précieux enseignements qu'ont présenté vos séances et que je reporterai fidèlement à la Société qui m'a délégué vers vous.

« Nos remercîments et nos adieux s'adressent donc à vous d'abord , Messieurs , qui avez fait l'éclat de ce Congrès ; ils s'adressent aux deux Sociétés savantes de cette ville et aux hommes éclairés désignés par elle pour organiser nos réunions et dont les soins dévoués ont si dignement accompli une tâche toujours difficile.

« Ils s'adressent encore aux autorités , à l'administration

municipale de cette cité , dont la protection et l'appui nous ont soutenus sans cesse et dont l'obligeant empressement a secondé les dispositions que nécessitait la tenue de nos séances.

« Ils s'adressent enfin à ce beau pays , si fécond et si hospitalier et qui ne laissera dans nos cœurs que le souvenir de douces impressions.

« Un autre ciel appelle la réunion de ce Congrès pour l'année prochaine ; nous ne reverrons pas alors les admirables coteaux de la Provence. Ce serait du moins pour nous une pensée consolante que celle qui nous ferait espérer de revoir à Dijon , dans un an , les hommes éminents que nous sommes vivement émus de quitter aujourd'hui.

« Nous déclarons close la troisième session du Congrès de vignerons français. »

La séance est levée à midi ; tous les Membres du Congrès en se séparant , font un échange de la plus vive sympathie.

BOUCHEREAU, GUILLORY aîné, REYNIER, PELISSIER,
J. BONNET, Secrétaire-Général.

MÉMOIRES,

LETTRES, NOTES ET RAPPORTS,

**dont l'impression a été admise par le Congrès
de Vignerons français,**

Tenu à Marseille en 1844.

MÉMOIRE SUR LES QUESTIONS DU PROGRAMME DE LA SECTION
DE VITICULTURE, PAR M. VIGUIER, DE MARSEILLE.

Choix des terres propres à la Culture de la Vigne.

Première Proposition.

La vigne se plaît beaucoup sur les *colines*, dans les *terrains pierreux* ou *graveleux* ; sa transpiration étant des plus abondantes', *une terre* composée de sable, de cailloux, de gravier et de partie de terre franche, est la meilleure pour sa culture. Elle produit un *vin fin*, *délicat*, *parfumé*, et d'une qualité supérieure (*Sainte-Marguerite*, etc.)

Mais il me semble que cette proposition devrait être traitée d'une manière plus spéciale pour *chacune* des qualités de terrain qu'un habitant est dans le cas d'acquérir ; car, comme chacun ne peut pas posséder les terres les plus propres à la culture de ce végétal, il serait très utile de préciser : 1° quelle doit être la meilleure culture de la vigne dans chacune des diverses qualités de terre qui couvrent la surface d'un territoire : 2° quelles sont les meilleures expositions; et 3° quelle doit être leur préparation pour y planter ce végétal. Je dis , que si dans un grand nombre des départements méridionaux, les terres vignobles peuvent y être bien avantageusement cultivées , elles doivent l'être par des méthodes différentes ; les binages devant être plus fréquents sur les terres légères que sur les terres fortes , à cause des herbes parasytes qui y croissent avec plus de rapidité. Quant au défoncement du sol, je proposerai une méthode , que l'expérience m'a démontrée être plus économique et mieux appropriée à la position , dans laquelle la mévente des vins et leur peu de valeur, a placé le propriétaire.

Il est constant qu'une vigne prospère, lorsqu'elle est plantée sur un sol défoncé à 75 C^{es} et jusqu'à 1 mètre de profondeur. Il y a deux manières d'opérer ce défoncement; le premier, qui est usité dans le terroir de *Marseille* , consiste à ouvrir un fossé, de 50 C^{es} de large, et d'enlever de ce fossé 50 centimètres cubes de sa surface (terre qui sera placée sur un point et mise en réserve pour combler le vide du dernier fossé à ouvrir sur la partie à défoncer); le fossé, creusé ainsi à 50 centimètres , est ensuite creusé et approfondi encore de 50 centimètres environ , et toute la terre de ce défoncement en est sortie à bras avec des *couffins* en sparterie et déposée à l'opposé du champ à défoncer. Ce premier fossé ouvert, est de suite comblé par le défoncement du deuxième fossé ouvert sur la partie adhérente , dont la surface a 50 centimètres de profondeur , est abattue et tombée au fond du premier fossé ouvert , ainsi que nous venons de le dire ; cette première partie de terre étant ainsi placée au fond du premier fossé , ils se trouvent tous les deux à peu près de niveau , alors on défonce avec la *bêche* , le *bichard* , ou avec tout autre instrument tranchant , la deuxième partie de ce deuxième fossé, et la terre qui en provient, est placée sur la surface du premier fossé, et ainsi de suite, opérant sur toute la surface du sol à effronder et sortant toute la terre jusques à la profondeur convenue, opération appelée *effrondado* à plein renversement de terre, puisque le fond du sol se trouve devenir sa superficie. Ce défoncement ne peut se faire qu'à grand frais, et il ne coûte pas moins de 15 centimes le mètre carré et cube, ou soit de 14 à 15,00 fr. l'hectare. Ce moyen est effectivement trop cher et très disproportionné, avec le produit que le propriétaire doit en retirer. Marseille est la ville où cette méthode est la plus enracinée, et il est difficile de la faire abandonner aux paysans qui en cultivent le sol. Lorsque j'ai voulu introduire la nouvelle méthode que je vais avoir l'honneur de vous décrire, ils m'ont répondu : que je voulais les ruiner ! parce qu'un hectare qui, par le premier moyen d'effronder, coûte de 14 à 15,00 fr., ne revient plus que 375 fr. par le second qui diffère du premier, en ce que la terre qui se trouve à la superficie du sol, est encore replacée à la superficie. Et voici comment : le fossé s'ouvre sur 50 centimètres de profondeur, comme par le premier moyen, la terre est placée d'abord çà et là sur la superficie restante, le fond de ce premier fossé est défoncé avec le *bichard*, encore à 50 centimètres de profondeur, et la terre étant bien ameublée au fond de ce fossé, on répand dessus à peu près la moitié de la quantité de fumier qui serait utile pour fumer le sol, et de suite (sans déplacer un seul *couffins* de terre), on tombe avec le même instrument, la superficie de terre du deuxième banc qui recouvre à plein la surface du premier ; on continue ainsi, en défonçant la terre du fond du deuxième banc, la fumant et la recouvrant avec la terre de la superficie du troisième, et ainsi continuant sur toute la contenance à défoncer. On reconnaîtra facilement l'économie, qui doit résulter d'une opération qui est ainsi simplifiée.

Des motifs non moins puissants que l'économie, m'ont porté à adopter cette méthode ; ce sont : 1° l'infécondité momentanée de la terre vierge reportée du fond à la superficie ; et 2° le temps indispensable aux éléments, pour la mettre en action en la fécondant. Il est donc avantageux d'employer le dernier moyen pour préparer un terrain à la plantation de la vigne. Ce moyen est aussi bien applicable aux terres légères qu'aux terres fortes et argileuses ; une grande différence, sera seulement observée sur le nombre de ceps à planter sur l'une ou sur l'autre de ces deux qualités de terres, ce que nous pourrons expliquer dans le développement de la troisième proposition soumise au Congrès.

Pour un vignoble, les meilleures expositions sont : le midi, le levant et le couchant ; ces trois expositions conviennent très bien aux vignes qui produisent les vins rouges et les vins de liqueur ; l'exposition du nord ne peut convenir qu'aux vignes qui produisent le vin blanc.

Deuxième proposition.

Les ceps qui conviennent le plus à la généralité des départements méridionaux, soit à raison de leur plus grande production, soit parce que la qualité du vin est plus estimée, sont : le mourvède, ou pineau de Bourgogne, le petit bouteillan, ou gamé de Bordeaux, le téaulier manosquin, *plan de porto*, l'*uni* noir, le spagnen, le crussen, le bruno, le malbeck, le carmenet, la grande et la petite vidure de Bordeaux, le catalan, le neyran, le brun fourca, l'ollivette noire, le grenache et le sanspareil, implanté en France en 1807, et exporté de Trébisonde (Mer - Noire) ; espèce recommandable par son grand produit et la qualité supérieure de son jus. Ce sont là les principaux cépages dont devraient être couverts les vignobles de la plus grande partie des départements méridionaux

Pour les vins blancs, nous ne citerons que les espèces qui nous procurent les excellents vins blancs de marseillan, de Cassis, de La Treille, de Côte-Rôtie et de Saint-Péray, ce sont : la clarette pointue ou petite ollivette, l'aragnan blanc, le sauvignon, le semilian blanc, la blanquette, l'uni roux, le pascaou, le junin, l'aubier, le rondeïa, la panse ordinaire, le Guillaume, et le verdaou; les raisins de dessert les plus estimés pour la table, sont : le chasselas de Fontainebleau, l'ollivette, la clarette rousse, le grec rose, le barbaroux à petit grain rose, et les muscats rouges et blancs à gros grain. Toutes ces espèces sont classées pour la table, parce que leur jus, ne renfermant pas la quantité proportionnelle de tartre indispensable à la conservation du vin blanc, ne doit pas être employé à sa confection.

J'arrêterai la nomenclature des espèces de raisins, cet opuscule succinct ne me permettant pas d'énumérer tous les cépages adoptés dans chacun des départements de la France ; travail, qui pourra faire la gloire d'un œnologue plus expérimenté.

Propagation de la Vigne.

Troisième proposition.

Propager la vigne et réparer ses pertes par boutures, est le moyen le plus avantageux pour un propriétaire. Deux moyens connus doivent être employés à cet effet. Le premier est de placer, dans le mois de février, des crossettes dans des vases, ayant 20 centimètres de diamètre et de profondeur. Remplir ces vases d'une terre meuble et franche, y enterrer la bouture à 10 centimètres de profondeur, ayant attention que la partie mise en terre *ait au moins* deux yeux, et soit coupée au pied en dessous de l'œil le plus bas, cette bouture n'aura que deux yeux en dehors qui seront exposés à l'action des éléments. Cette opération étant ainsi faite, les boutures germeront et s'enracineront dans le vase pour être mises en place, étant dépotées avec la terre qui les a élevées, dans le courant de novembre suivant.

Le deuxième moyen est de faire sur la terre défoncée par la deuxième méthode indiquée dans la première proposition, une rigole de 15 centimètres de profondeur, et d'y poser à 25 centimètres de distance, l'une de l'autre, des boutures, ayant quatre bourgeons, dont deux seront enfoncés en terre, et deux resteront passibles de l'action des éléments ; ces boutures formeront des *plants avantins* enracinés, qui pourront être mis en place et replantés *à racine nue*. Sur la fin de l'automne, j'observerai que le propriétaire, qui aura employé le premier moyen, jouira du produit des ceps, *deux ans* plutôt que celui qui se sera servi du deuxième, quoique reconnu excellent : 1° parce que la bouture, enracinée dans le vase, n'est pas dérangée dans la formation de ses racines ; et 2° parce que le plan avantin, replanté à racine nue, exige une double action des éléments constitutifs de sa vitalité ; or, il est évident que le premier moyen l'emporte sur le deuxième ; c'est ce que l'expérience nous a démontré.

Plantation de la Vigne.

Lorsque le sol aura été défoncé, ainsi que nous l'avons démontré, on préparera les crossettes ou sarments qui doivent y être plantés comme boutures. Ces sarments seront de 60 à 65 centimètres de longueur au plus, et auront au moins *quatre nœuds* ou yeux ; ils seront plantés, au cordeau, à 35 ou 40 centimètres de profondeur au plus, espacés d'un mètre l'un de l'autre, de manière qu'il ne surgisse, hors terre, que deux yeux à bourgeon ; tout le sol disposé pour la formation du vignoble, sera ainsi planté, savoir : sur *un seul rang*, dans les terres grasses, fortes ou argileuses, et sur deux rangs ou plus, soit à plein, dans les terres légères, pierreuses ou graveleuses ; toujours l'espacement des plants doit être d'un mètre ; dans les terres à blé, les ouilères devront avoir au moins 4 mètres de largeur et d'espacement d'un pied de vigne à l'autre ; chaque ligne de ceps, sera cultivée à 50 centimètres de chaque côté ; de manière que l'allée n'ait que 3 mètres de largeur ; ces allées ou ouilères pourront être établies à 5, 6 ou 8 mètres en largeur, selon le goût ou la volonté du propriétaire, pourvu que la vigne sur *un rang* ait toujours un mètre de terre cultivée en largeur, et soit affranchie de tout autre produit. Les plantations seront binées en juin et en août, le surlendemain d'une pluie. La plantation se fera en novembre, décembre, février ou en mars au plus tard. Tous les plants qui n'aurait pas poussé de bourgeon, seront remplacés, sur la fin de l'automne, au moyen des boutures radiquées dans des vases, ou par les plants avantins radiqués en pépinière.

Taille de la Vigne.

Quatrième proposition.

La taille de la vigne est généralement opérée dans les mois de février ou de mars. Quelques propriétaires de grands vignobles, font tailler une partie de leurs vignes en novembre et décembre, après la chûte des feuilles ; mais au retour du printemps, quand ils sont déjà riches d'espérance, ils se trouvent tout-à-coup frustrés du prix de leurs travaux et de leurs sacrifices, même par une petite gelée intempestive ! les vignes taillées avant l'hiver, montent plutôt leur sève, et sont, par conséquent, plus

exposées à une gelée tardive ; février et mars ont été re-
connus pour marquer la véritable époque de cette culture.

La vigne doit être taillée sur les deux yeux placés au-
dessus de la couronne du bourgeon, ceux qui en laissent
3 et 4, travaillent au détriment de la durée du vignoble,
la production sera augmentée d'un $8/^{me}$ la première année, d'un $16/^{me}$ la deuxième ; mais insensiblement. Le ceps,
qui aura épuisé ses forces nutritives pendant quelques années, par l'aspiration d'une plus grande quantité de sève,
verra dépérir une grande partie de ses racines, et périra
infailliblement, après avoir épuisé ses forces, en produisant une qualité de vin moins parfaite, plus aequeuse,
et tout-à-fait dépourvue de l'arome et du muqueux qui
lui donnent la qualité.

Culture.

Cinquième proposition.

La culture de la vigne doit être faite à bras dans les
terres plantées à plein et dans les vignobles établis sur
deux rangs de ceps. Les instruments aratoires, quoique
perfectionnés, ne pourraient éviter la rencontre du chevelu des racines latérales, qui, *les premières* fournissent
à la sève, l'action par l'impulsion du calorique qui les atteint plutôt, de même que de l'*azote* que l'air leur com-
munique avec plus de facilité, par l'effet de leur rappro-
chement de la surface du sol qui les féconde ; il nous
paraît donc, que la culture à bras donnée à 25 ou 30
centimètres de profondeur, avec l'instrument dit *bichard*
ou bêche fourchue à deux pointes, est la première et la
meilleure culture à donner aux vignes, avant qu'elles se
mettent en pleurs ; il sera indispensable de les biner à
l'époque de la floraison, afin de maintenir aux racines
l'action constante des éléments qui forceront la sève à
former le fruit.

Engrais.

Il n'y a que les détritus des végétaux qui puissent être admis comme engrais dans les vignobles, tous les autres fumiers sont essentiellement nuisibles à la qualité et à la conservation des vins. C'est toujours lors de la première culture qu'il faut employer les engrais.

Sixième proposition.

L'ébourgeonnement est une culture des plus essentielles, pour obtenir la durée du ceps, la quantité et la qualité du produit ; malheureusement, c'est la culture la plus négligée dans la plupart des vignobles du midi de la France ! il faut retrancher du ceps, tous les bourgeons, toutes les branches gourmandes et toutes les tiges qui ont poussé d'un autre point que des deux yeux laissés au sarment à l'époque de la taille ; rien n'est plus pernicieux à un propriétaire que la négligence de cette culture ; en la négligeant, on laisse dévorer à ces branches voraces une partie de sève, qui serait convertie en produit, et doublerait la grosseur des fruits, tandis qu'elles deviennent le plus souvent la cause de leur coulure, et nuisent à leur formation !

Propriétaires, veillez à ce que l'ébourgeonnement soit fait avec soin, ne laissez à vos ceps que les sarments que vous avez destinés à porter le fruit : lorsque la mère n'aura que deux ou trois enfants à nourrir, elle les alimentera avec plus de succès, que si vous lui en laissez 8, 10 ou 12 ! L'ébourgeonnement a la plus grande influence sur la grosseur du raisin, il influe sur la qualité des produits, en s'opposant à l'appauvrissement de la sève, la maturité sera parfaite ; parce que la nature a tout réglé par une sage combinaison : chaque sarment pourvoit à l'alimentation du fruit qu'il porte ; et si la terre , cette mère-nourrice , est ingrate à leur égard , les fibres des feuilles sont là , pour recueillir, pendant la nuit , cette manne que l'Auteur de la nature répand pour fortifier le faible , et que la sève descendante reflue sur les parties abandonnées !

Excusez , Messieurs, la faiblesse des notions que j'ai osé émettre de vant une réunion d'œnologues aussi distingués, tracées à la hâte et peu approfondies. Je serai néanmoins satisfait, si seulement, une d'elles, tend à derraciner quel-qu'une de ces fausses routines , qui ne font qu'entraver le progrès que l'agriculture mérite de faire dans un siècle aussi propice.

VIGUIER.

MULTIPLICATION DE LA VIGNE PAR LES COURBAGES

et observation sur les plantations et engrais qui lui conviennent.

par M. POLETI, de Marseille.

La vigne est connue, vous le savez, très vivace ; elle ré-siste aux intempéries des saisons, brave le froid lorsque nos oliviers succombent, résiste à la sécheresse de notre ciel africain, conserve encore ses feuilles et ses fruits, alors que nos figuiers, nos pêchers et nos poiriers laissent tomber les leurs sans être mûrs et se dépouillent de leurs feuilles.

Elle se plaît sur les coteaux légers, comme dans les fonds; sur les premiers, le vin récolté est peu abondant, mais de qualité supérieure, recherché par les gourmets. Dans les sols fertiles , ses fruits sont abondants mais de qualité inférieure, d'une vente difficile et d'un prix peu élevé ne balançant par les frais de culture et de vendange.

Coupée entre deux terres, soit à 0 mètre 30 centimètres environ de profondeur , elle est renouvelée, rajeunie et remplace des vignes grêles ou peu productives. Son fruit est-il de mauvaise qualité, impropre à un vin généreux, délicat, elle se prête comme par enchantement à une transformation, et, à l'aide de la greffe, vous donne encore la même année de nouveaux produits. Voulez-vous la changer de place, lui faire quitter le sol dans lequel elle avait poussé ses premières racines ? Réchaussez-là , enlevez-la avec quelques soins et transplantez-là dans le terrain que votre caprice ou votre volonté lui assigne ; bientôt vous verrez des bourgeons se développer, ses fleurs apparaître, et ses fruits, moins abondants , il est vrai, la première année, garnir ses branches.

De la plantation.

J'ai planté dans quelques années et successivement plus de 40,000 pieds de vignes, dans une propriété du terroir de Marseille , située au quartier St-Antoine. Le sol a été, suivant l'usage, défoncé à 0 mètre 85 centimètres (3 pans 1/2).

La terre végétale a toujours été jetée au fond de la tranchée ; celle infertile ramenée sur le sol, s'est trouvée bientôt bonifiée tant par les binages , que par les influences atmosphériques.

Il m'est arrivé plusieurs fois de jeter au fond des fossés des fagots de sarments , des émondages de pins et d'oliviers, des ajoncs épineux ramassés dans la propriété ; ces dépouilles végétales se décomposant peu à peu servaient d'engrais à mes plantiers ; elles tenaient en outre la terre soulevée et les pluies pénétrant alors au fond de mes défoncements les jeunes vignes bravaient la longue sécheresse de nos étés.

Mes boutures ont été en grande partie plantées à l'aide de la fourchette, le trou préparé avec cet instrument était ensuite garni de terre légère au moment où la jeune vigne venait d'y être placée. Cette méthode, presque exclusive , laisse beaucoup à désirer ; un grand nombre de plants ne poussent pas.

Tant que je l'ai pu, j'ai mis en terre les crossettes au moment que les ouvriers effondraient le sol, jamais une bouture n'a manqué. Vous le concevez facilement, Messieurs, l'ouvrier garnit à son aise le plant qu'il met en terre, s'il rencontre des pierres, il les rejette et ne laisse aucun vide à l'entour du sarment qu'il plante.

Description du sol.

Il est une partie de ma terre, de l'étendue d'un hectare 1/2 environ, dont le sol est léger, sabloneux et calcaire ; la vigne plantée par outins avec oulières, y poussait avec vigueur ; en revanche le blé n'y venait pas. Le fumier jeté en abondance sur ce sol perméable, était lavé par les pluies d'automne et d'hiver. Les sucs nourriciers destinés aux céréales étaient entraînés à plus de 3 mètres de profondeur. Le blé végétait un peu dans l'hiver, souffrait aux premières chaleurs, et finissait par donner à peine la semence.

Voyant cette vigne si prospère, j'avais conçu l'idée de faire un courbage sur une grande échelle, de supprimer ainsi les oulières de céréales et de légumineuses. Le méger que j'avais alors, ennemis de toute innovation et amélioration, étaient d'ailleurs incapables d'exécuter le travail que je méditais.

En 1831, à la fin d'octobre, des journaliers de Riez, (Basses-Alpes), me demandèrent du travail. La grêle ayant ravagé leurs champs, ils étaient descendus à Marseille pour y travailler. J'avais des plantations à faire, je retins trois cultivateurs. *L'un deux*, nommé Jean Cuvelier, se faisant remarquer par son intelligence, fut mis à la tête de mes travaux ; cet homme se montra reconnaissant de cette distinction. Il me fit des observations, me donna des conseils, dont je compris toute la portée. Consulté sur mon projet de courbage, il l'approuva complètement et m'offrit de faire ce travail avec le plus grand soin, et voici, Messieurs, de quelle manière il fut exécuté.

Travaux des Courbages.

Pendant qu'un ouvrier ouvrait la terre dans l'oulière (ou la partie précédemment occupée par le blé) et creusait un fossé de 40 à 50 centimètres de profondeur, un autre journalier déchaussait la vigne jusqu'à ses grosses racines et coupait le chevelu, puis la couchait de toute sa longueur dans le fossé ouvert, sans briser aucune racine ; il ramenait ensuite à la place où était d'abord la vigne, un sarment, et faisait sortir un autre sarment dans l'oulière ou bande de terre à 1 mètre de distance de la place où se trouvait la vigne en premier lieu ; puis il jetait quelque peu de terre sur la vieille souche couchée, la tassait tout à l'entour avec les pieds ; ensuite il répandait un cabas de fumier ordinaire et nivelait le terrain ; c'est de cette manière que cet hectare 1/2 a été converti en un vaste champ de vignes, espacées en tout sens à un mètre de distance et parfaitement alignées. Commencé en novembre, ce courbage fut continué jusqu'à fin février.

Soins à donner

Ce travail n'est pas difficile, sans doute, cependant il exige beaucoup de soins et d'attention, parce que la vigne est très cassante, et qu'une fois brisée au moment où vous la couchez, vous perdez les deux jeunes vignes qu'elle allait vous donner ; il vous faudra alors attendre deux ans pour provigner les plus voisines ; mais ce remplacement n'aura jamais la vigueur des autres.

Des engrais.

Dans mon sol léger j'ai reconnu que les courbages allaient de 5 à 6 ans sans engrais. Sitôt que leur végétation se ralentit, j'ai recours aux stimulants, je fume chaque fois la moitié seulement de ma terre, je répands l'engrais entre deux rangées de vignes, en en laissant une de vide, et je passe à la troisième ; chaque pied de vigne profite néanmoins des engrais ; 5 ans après je fume l'espace de terre qui ne l'avait pas été précédemment.

Des plantations à plein.

On a dit souvent que les vignes plantées à plein ne prospéraient pas dans notre terroir ; c'est encore là une erreur. En vous entretenant du travail que j'ai fait exécuter, il y a une douzaine d'années, je prouve que la vigne peut très bien prospérer chez nous plantée en quinconce. Tous mes coteaux sont occupés par des plantations à plein, et jusqu'à ce jour je n'ai pas eu à m'en repentir.

Second courbage sur des vignes plus âgées.

Il y a deux ans, j'ai fait exécuter un second courbage chez mon beau-frère, M. Drogoul, avocat, dans sa propriété située au quartier de la Rose : à cinq hectares, des vignes âgées de 18 à 20 ans ont été couchées ainsi. Elles couvrent un grand coteau d'un vaste tapis de verdure et donnent des produits abondants, là où il n'y avait qu'un mauvais blé.

Transplantation de la vigne.

J'ai dit, tout-à-l'heure, que la vigne se prêtait facilement à vos caprices et que vous pouviez la changer de place, comme vous changez de lit un malade. Je vais vous citer un exemple, et chacun de vous peut en vérifier l'exactitude :

Un membre de notre comice, le sieur Blaise, exploite au chemin de la Magdeleine un jardin où il cultive exclusivement des plantes médicinales que nul, avant lui, n'avait pu faire prospérer dans Marseille. Forcé d'abandonner, l'an dernier, par suite de la mort du propriétaire, le jardin qu'il soignait depuis assez longtemps, il prit un terrain attenant. Il possédait un treillard fort étendu, ombragé par une centaine de pieds de vignes. Ne voulant ni l'abandonner, ni en créer un nouveau, pressé d'ailleurs de jouir, M. Blaise déplanta avec soin toutes les vignes et les mit en place dans son nouveau jardin. Le terrain avait été parfaitement défoncé. Eh bien! Messieurs, pas une vigne n'a manqué; en voyant ce treillard improvisé, vous auriez de la peine à croire que des vignes qui s'élèvent à 4 mètres de hauteur et dont les grappes nombreuses sont suspendues sur vos têtes, aient eu un autre berceau que celui à l'aide duquel vous bravez en plein midi nos chaleurs tropicales, sans qu'un seul rayon de soleil vienne vous fatiguer.

Il est une vigne que j'appelle monstrueuse, placée au fond du treillard et dont les branches s'allongent en formant un large fer-à-cheval. Transplantée à la même époque, elle ne donna aucun signe de vie dans le courant de l'année dernière. Le sieur Blaise la croyant morte voulait l'arracher; il m'en parla, je lui dis d'attendre un an de plus. Elle a poussé vigoureusement cette année. Je ne signale pas ce fait comme ayant une grande portée, dans la culture de la vigne, mais il m'a paru remarquable comme preuve de sa viabilité.

La vigne que j'ai multipliée par des courbages était à cette époque âgée de 15 ans; elle a été taillée, cultivée et soignée, comme les plantiers. Elle compte aujourd'hui 27 ans, et les produits en sont chaque année très abondants.

En 1839, voyant la végétation un peu languissante, les feuilles jaunir en juillet et août, je pensai que le sol était fatigué; je fis une ample provision de morues avariées et de fumier d'étable, je fumai abondamment mon champ de vignes immédiatement après la taille. Ces engrais puissants lui donnèrent une vigueur extraordinaire et augmentèrent d'une manière très sensible la quantité de raisins; mais les récoltes de 1840 et 1841 s'en ressentirent. Mon vin fut d'une qualité très inférieure et fermenta toute l'année. Ni la clarification, ni le soutirage ne purent le rendre clair ni le conserver. En 1842, mon vin ne se ressentit en aucune manière de l'influence des engrais que j'avais enfouis.

Depuis, j'ai fait plusieurs essais d'engrais : j'ai employé successivement le terreau Jauffret, les os pulvérisés, *non calcinés*, les râpures de cornes, le tourteau, les vieux chiffons de laine, les rognures de peaux, et je n'ai reconnu aucune altération à mon vin. Instruit par l'expérience, j'ai proscrit de mes vignes l'engrais azoté, préférant la qualité des produits à la quantité.

Ce rapide exposé ne contient rien de nouveau, mais je m'estimerai heureux, si mes observations et mes essais peuvent être de quelque utilité aux nombreux propriétaires qui cultivent la vigne.

Je termine, en exprimant le désir qu'une excursion soit faite au quartier de la Rose, pour examiner les courbages dont j'ai parlé.

POLETI,

vice-Secrétaire du Congrès, Trésorier-Bibliothécaire
du Comice agricole de Marseille.

DES CÉPAGES ET DE LEUR CLASSIFICATION, PAR M. VIBERT,
D'ANGERS.

Depuis quelques années la culture de la vigne tend à s'améliorer en France, les collections se sont multipliées, et sous le rapport de la fabrication des vins, d'utiles expériences ont été entreprises ; expériences qui ne seront pas perdues pour l'œnologie, mais qu'il ne faut pas se lasser de répéter, car elles sont très variables de leur nature. Le nombre de nos raisins de table s'est beaucoup augmenté, et il est peu de pays, où la vigne est cultivée, qui ne soient aujourd'hui représentés dans nos collections par quelques bonnes variétés. Le succès est dû, au zèle éclairé de quelques personnes qui ont mis au service de la science l'étendue de leurs relations et souvent même de leur désintéressement : mais c'est aux semis, entrepris dans le but de varier nos jouissances, que nous devrons bientôt un grand nombre de bonnes et curieuses variétés, dont plusieurs se distinguent déjà par une saveur toute particulière (1).

---

(1) Les trois ou quatre espèces de vignes particulières à l'Amérique, fécondées par celles d'Europe qui y ont été transportées depuis longtemps, ont produit un grand nombre d'hybrides qui ont fructifié et dont les meilleures ont été conservées. Parmi ces vignes hybridées, quelques-uns des caractères particuliers à ces types se sont maintenus, chez d'autres ils se sont très atténués, la saveur de leurs fruits paraît avoir beaucoup varié, elles sont, en général, d'une vigueur et d'une robusticité bien supérieure à nos vignes d'Europe. On cultive en Amérique plus de soixante variétés de ces sortes de vignes, dont vingt me sont parvenues cette année, et j'ai l'intention d'en faire venir cet hiver la plus grande partie. J'ai chez moi, parmi mes semis, une centaine de plants également sorti de l'Isabelle et hybridés dont beaucoup sont singulièrement curieux par leurs feuillages qui présentent des formes tout à fait différentes de celles que nous connaissons. Malheureusement aucune de ces vignes n'a encore donné de fruits, bien qu'il y en ait de semées depuis dix ans.

La vigne que nous cultivons en France sous le nom d'Isabelle, est l'Alexander des États-Unis, c'est à tort que le nom d'Isabelle a prévalu, et le premier pied qui fut envoyé, il y a environ 16 ans, à Sa Majesté, alors duc d'Orléans, fut reçu sous le nom d'Alexander et présenté comme tel à la Société royale d'horticulture à Paris. Cette vigne Alexander est une espèce bien caractérisée, l'Isabelle qui en est différente n'en est, je pense, qu'une variété hybride.

Je dois à l'obligeante bienveillance d'un de mes correspondants d'Amérique de précieux renseignements sur ces vignes Américaines, et je me propose de les publier, en partie, l'année prochaine.

L'augmentation du nombre de toutes ces variétés de vignes va réclamer une grande attention, afin de pouvoir leur conserver dans nos cultures le nom qu'elles recevront ou qu'elles ont déjà reçu. Pour ceux qui veulent s'occuper de l'étude de la vigne, le plus grand des embarras est le défaut d'uniformité dans la nomenclature; il est des vignes qui ont dix ou quinze noms, qui varient souvent de canton à canton; et les catalogues que nous possédons, ne pourraient même indiquer tous ces noms. Il est malheureusement reconnu qu'il est impossible de ramener les vignes à ne porter qu'un seul nom, l'usage prévaudra toujours contre toute tentative à cet égard. Devant des difficultés insurmontables, il faut bien s'arrêter, quoique à regret, et chercher à parvenir au but par un autre moyen.

Les maisons de cultures qui s'occupent de vignes sont peu nombreuses, elles n'en cultivent même qu'une quantité assez bornée, et les grandes collections leurs seraient onéreuses, car les acquéreurs manqueraient. Les catalogues de ces maisons donnent, sur les raisins qu'ils indiquent, quelques brefs détails, suffisants pour leurs ventes, les seuls que permette d'ailleurs l'espace dont ils peuvent disposer ; mais ces courtes descriptions sont insuffisantes, surtout en l'absence du plant et du fruit, pour pouvoir juger avec quelque certitude une variété douteuse ou inconnue.

Si Bosc a échoué dans son travail sur les vignes, c'est parce qu'il a voulu d'abord en établir la synonimie, chose qu'il croyait possible ; s'il s'était borné à donner une bonne description des caractères des cépages et des fruits, ce travail aujourd'hui ferait autorité pour la plupart des plants que nous cultivons.

Plusieurs collections importantes de vignes sont cultivées, en France, par des personnes fort instruites qui ont fait leurs preuves de zèle et de dévouement à la science, mais ces collections perdraient une grande partie de leur mérite si l'ordre ne s'y trouvait rigoureusement établi et si tous les détails indispensables pour faire apprécier et reconnaître les différents cépages, n'étaient soigneusement enregistrés chez ceux qui ont rassemblé ces précieuses collections. J'ai pensé qu'à cet effet la formation de catalogues détaillés par les personnes qui possèdent ces collections, serait d'une utilité incontestable, pourvu qu'ils fussent tenus avec une grande exactitude. Ainsi, il serait convenable d'indiquer d'abord en tête les choses générales, telles que la latitude, les qualités des sols et sous sols, l'exposition, et signaler avec soin l'influence que peuvent exercer sur la végétation les circonstances locales de la contrée que l'on habite. Il faudrait ensuite considérer les plants sous toutes les phases de leur végétation, tenir note détaillée de tous leurs caractères, de leur manière de végéter, des forme, couleur, saveur et qualités des fruits, enfin, de tout ce qui semble s'écarter de l'état normal. Soit que le raisin soit envisagé comme fruit pour la table ou pour faire du vin, il peut donner lieu à un grand nombre de comparaisons ou d'observations qui n'ont pas encore été faites ou suffisamment étudiées. A ce champ, si vaste déjà ouvert aux investigations de la science, vont venir bientôt se joindre les études sur les hybrides des espèces américaines dont les caractères singulièrement modifiés par leurs croisements avec nos vignes d'Europe, vont peut-être présenter autant de variations dans la saveur de leurs fruits, qu'elles en ont, dès leur naissance, dans la forme de leurs feuilles.

Un tel travail serait minutieux, sans doute, mais ne serait pas difficile et ne demanderait que de la persévérance; il en a fallu beaucoup plus pour réunir tous ces nombreux plants de vignes qui forment aujourd'hui nos riches collections. A des époques déterminées, convenues d'avance, à trois ou quatre ans, par exemple, ces catalogues, imprimés en tableaux, contenant toutes les indications nécessaires pour la bonne description de chaque sorte de vignes pourraient être envoyés au Congrès de vignerons. De l'étude et de la comparaison de ces tableaux, qui se contrôleraient entr'eux, résulteraient de grands avantages sous bien des rapports, et nul doute, qu'après un certain temps, ils ne devinssent la base d'un travail intéressant sur nos vignes.

Angers, le 16 juillet 1844.

VIBERT.

LETTRE DE M. RAMEY SUR DES QUESTIONS DU PROGRAMME DU CONGRÈS DE VIGNERONS FRANÇAIS TENU A MARSEILLE.

A Monsieur BONNET, Secrétaire-général du Congrès de Vignerons à Marseille ,

Réflexions sur les six points du programme ayant trait à la viticulture.

Choix des terres :

Toute terre végétale est propre à la culture de la vigne, pourvu qu'elle soit disposée convenablement et entretenue par une bonne méthode de culture. Pour la vigne, comme pour tout autre production, on récolte peu dans les terres maigres et beaucoup dans celles qui sont fertiles ; mais il y a compensation sur la qualité. Les bons vins de Bourgogne se récoltent dans les sols calcaires les plus chargés de pierrailles ; les premiers crus du Bordelais sortent des terrains sableux les plus chargés de cailloux ; mais dans toutes ces localités, les plaines basses de terrains fertile produisent abondamment des vins ordinaires plus ou moins inférieurs. Dans une simple notice succincte ayant la forme d'une lettre , nous ne pouvons donner que des définitions , mais nous sommes certain qu'aujourd'hui c'est ce qu'il y a de plus convenable, surtout quand elles s'adressent aux savants réunis pour l'étude d'une spécialité.

Une faute à peu près commune aux théoriciens qui débutent dans la pratique, c'est d'exiger du sol plus qu'il ne peut donner; faute qui a fait échouer bien des entreprises rurales commencées sous d'heureux auspices. A nos yeux, le grand talent consiste donc d'appliquer au sol les cultures qu'il peut produire avec succès et avec le moins de frais possible. En conséquence, nous établissons les règles générales suivantes : pour la culture en grand de la vigne, tous les terrains conviennent, mais il ne faut pas espérer obtenir de bons vins dans ceux où l'argile domine, encore moins dans ceux acquis sur des marais; mais en revanche on obtient l'abondance dans les terres saines de sables caillouteux. Dans celles de formation calcaire mêlées de pierrailles angarines, de silex, et lorsque, avec cette nature de terrain, l'exposition est élevée, bien découverte ou mieux encore s'il y a pente vers le sud, les vins seront fins, si le choix du cépage est judicieux. Dans la préparation du sol la première mesure à prendre, c'est sa disposition, ainsi en planches larges et peu élevées dans ceux qui sont secs; dans ceux qui sont humides, elles doivent être étroites et élevées; la seconde mesure est, non de le fumer, mais de l'amender; l'amendement le plus convenable est celui produit par les agents atmosphériques, il suffit de savoir en tirer parti. Ainsi, si l'on fait un fossé d'un mètre de profondeur, que l'on garnisse le fond de bonne terre végétale de 25 à 30 centimètres d'épaisseur et que de chaque côté on plante de la vigne, les parois du fossé se bonifieront à l'air, à la lumière, à la gelée, etc. Les plans de vignes croîtront rapidement, parce que leurs raisins sont près de la superficie, et, au fur et à mesure de leur croissance, par le remplissage insensible du fossé, elles recevront un remblai gradué de terre parfaitement amendée, et au bout de cinq ans il sera complet. Il est facile de concevoir que la terre sortie du fossé et exposée à l'air, pendant plusieurs années, a été bien amendée, et que retombant petit à petit dans la fouille, elle constitue un sol fertile et bien défoncé. Il est bien entendu que le fossé d'un mètre dans les terrains sains ne devra être que de 50 centimètres dans ceux qui sont humides, et dans les deux cas le fossé devra pouvoir s'égoutter soit dans les raies, soit dans des fossés dont le niveau est inférieur au sien. Ainsi, l'histoire du fossé est celle de tous les vignobles à planter, il s'agit de se disposer à en faire l'application en grand. Nous ne conseillons pas le défoncement total, parce que son effet est de peu de durée et parce qu'il devra être partiel et perpétuel par le fossoyage destiné à concher tous les cinq ans, environ, le quinzième des souches et fournir, à chacune des autres qui sont déchaussées, au préalable, un bon chaussage de la terre de ces fouilles. Pour avoir une idée exacte de cette méthode, il faut aller, en hiver, l'observer dans les vignobles du Jura et de la Côte-d'Or, où elle est bien suivie de temps immémorial.

Choix du Cépage.

Il doit être basé sur l'observation; ainsi, dans les terrains à bon vin, on réunit tous les plans fins que l'on sait pouvoir y réussir; dans les terres de bonne fertilité, on réunit les grands cépages féconds pour qu'ici la quantité dédommage de la qualité; mais il est certain que, si l'on peut faire du bon vin avec le produit de quatre ou cinq cépages, on le fera encore meilleur avec celui de dix, quinze et même vingt; c'est d'après ce fait que nous sommes désireux de voir propager la vigne par semis, afin d'augmenter le nombre des cépages; on ne saurait trop encourager cette recherche, parce que l'on doit cultiver, au midi les variétés tardives, au nord celles qui sont hâtives; on conçoit que la différence dans l'époque de maturité est un grave inconvénient, et que c'est sous ce rapport que l'étude des cépages présents et à venir doit être faite dans le but de réunir dans une nature de terre donnée et aux diverses expositions, des variétés en plus grand nombre possible qui y prospèrent et qui murissent à peu près en même temps, ce qui est une condition essentielle de la bonne qualité du produit; mais, avant de terminer ce que nous avons à dire sur ce point important, nous croyons devoir constater que notre richesse en cépages est très grande et qu'elle suffit à tous les besoins, et pour s'en convaincre il n'y a qu'à visiter à la veille des vendanges l'école de cépages établis par M. Bouchereau sur leur domaine de Carbonieux près Bordeaux ainsi que nous l'avons fait l'année dernière, en compagnie des principaux membres du Congrès de Vignerons qui siégeait dans cette ville et dont nous avions l'honneur de faire partie.

Oui, nous sommes assez riches en cépages; mais pendant que les uns étudient ce que nous possédons, les autres qui cherchent en même temps à acquérir et augmenter par des semis le nombre des variétés, méritent aussi la reconnaissance de tous les amis de la culture de la vigne; mais c'est ainsi que l'a très bien dit l'honorable M. Bouchereau, dans le champ de l'excursion que doivent se réunir les esprits.

Propagation de la vigne.

Pour la culture en grand, il est évident que le mode de multiplication par boutures est le meilleur, mais on doit en varier l'application d'après la méthode de culture, ainsi pour les plantations en terrain pleinement défoncé, on fait les boutures en place, mais pour celles que l'on établit dans des fossés on doit donner la préférence aux boutures enracinées de deux ans de pépinière et il est bon qu'elles aient été faites en plan incliné, afin que leur base ait des racines sur une plus grande longueur; les plantations se font dès le mois de février en terrain sec et se continuent jusques en mai dans ceux qui sont humides.

L'espacement des plans se règle sur la venue du cépage et sur le degré de fertilité du sol, ainsi c'est un mètre dans les terrains pauvres et deux mètres dans ceux qui sont riches.

Pour la profondeur à laquelle ils doivent être mis dans le sol, c'est une question plus importante qu'on ne le croit généralement ; il est un fait des plus positivement constatés c'est que : la vigne a cette précieuse faculté de végéter parfaitement et on peut dire modérément en bois ; mais de fructifier d'autant mieux que ses racines se trouvent sous d'énormes remblais dans les terrains sains et il est de la plus grande évidence que la vigne ayant ses racines mères à une plus grande profondeur est par cela même à l'abri de l'influence de la grande humidité qui règne, ainsi que des effets des grandes sécheresses. Ce fait qui est une vérité que rien ne peut détruire, vient nous indiquer que l'on ne saurait assez apprécier la méthode de culture de la vigne qui prend toutes les dispositions qui conviennent pour établir profondément la vigne dans les terrains sains, car, quand nous fixons notre maximum à un mètre, nous disons qu'on pourrait même le dépasser pourvu que le remblai se fasse graduellement ainsi que nous l'avons dit dans l'explication des fossés.

Taille de la vigne.

Cette opération peut être considérée comme l'un des principaux régulateurs de la durée de la vigne, ainsi que de sa fructification et de la qualité du vin. La taille faite avec une serpe est bien meilleure que celle faite avec le sécateur ; mais comme nous ne sommes pas ennemis du progrès et surtout en ce qui concerne l'économie, nous disons qu'il est très utile d'employer la serpe pour la partie de cette opération qui ne peut se bien faire que par elle et ne laisser pour le sécateur que la coupe des sarmens porte-fruit ; ainsi la serpe commence et effectue toutes les suppressions et il ne reste au sécateur que le raccourcissement des sarmens fructiférés ; mais il est bon que l'opération se fasse en deux fois afin de n'être pas obligé à chaque instant de changer d'outil. Cette marche de la taille a aidé à répandre dans certains vignobles que nous connaissons la méthode de ne raccourcir les sarmens à fruits qu'à l'époque des gelées du printemps, afin de les préserver de ce fléau et on s'en trouve bien.

La connaissance essentielle que doit posséder le vigneron qui taille, est la distinction à faire des cépages, car il en est qui ne donnent leur maximum de produit, qu'en laissant de longs bois qui sont en suite tenus, les uns en plan incliné, d'autres sur le plan horizontal, et enfin d'autres pliés en deux cercles vers le sol; on sait que le plus grand nombre se taille en coursons; les têtes de cep forment ou le gobelet ou l'espalier; quant à la charge à donner elle se règle, sur l'âge, la variété, la nature du terrain et l'état de santé de la plante.

Labours.

Toutes les fois que par une méthode appropriée de la culture de la vigne, on peut labourer la terre avec la charrue, il en résulte une économie considérable, et nous disons que dans le fameux vignoble du Médoc, qui se cultive à la charrue, si les propriétaires ne font pas une fortune rapide, l'unique cause est le peu de durée de la vigne en bon état de production, ce qui les oblige à l'arracher pour replanter à neuf. Quant à la profondeur du labour, il est prouvé qu'il y a un grand avantage à ce que le premier soit profond parce qu'il est une sorte de demi défoncement, ce qui rend les autres plus faciles et la vigne profite bien plus facilement des influences atmosphériques. Nous n'admettons l'emploi des engrais à la vigne que pour les plantations nouvelles, afin d'assurer la fertilité d'un sol neuf et obtenir une croissance rapide, ainsi tous les engrais sont bons, on emploi ceux que l'on a sous la main, l'essentiel est qu'ils ne soient pas trop coûteux; mais dans les vignes faites, il n'est pas nécessaire de faire des dépenses d'engrais, ils sont nuisibles sous plusieurs rapports, et nous soutenons que dans toutes les terres où se cultive la vigne, elle peut donner son maximum de produit sans engrais; mais il faut qu'ils soient rem-

placés par des amendements terreux, ainsi que nous l'avons
dit plus haut.

Ebourgeonnement.

L'ébourgeonnement influe avantageusement sur l'avenir
de la vigne ; mais son effet est plus immédiat sur la récolte
pendante ; ainsi cette opération bien exécutée fait grossir le
bois, les fruits et avance leur maturité ; elle facilite et abrège
sensiblement la taille ; elle dispense de l'effeuillage (pratique vicieuse de laquelle on ne devrait parler que pour la
proscrire). Il est de la plus grande évidence qu'une vigne bien
ébourgeonnée qui aura ses fruits jouissant parfaitement de
l'air et de la lumière, n'aura nullement besoin d'être effeuil-
lée, ce qui serait conséquemment nuisible ; car il est prouvé
que les feuilles élaborent une notable partie de la nourriture
des fruits ; elles les protègent contre les intempéries et on
conçoit que pour ces deux points importants, ce sont celles
situées le plus près des fruits qui remplissent cette double
mission, et c'est justement elles que l'effeuillage vient enlever les premières ! Qui ne sait combien les brusques transi-
tions de température sont funestes aux végétaux et plus encore
à leurs fruits. Il est donc évident que l'opération bien ap-
pliquée de l'ébourgeonnement produit de si grands avantages
qu'on ne saurait assez la conseiller, et si dans les vignobles
où on ne l'applique pas, il devient par fois nécessaire d'effeuiller, cette besogne doit se faire avec la plus grande prudence et ne se commencer qu'à la veille de la maturité, ou
si un temps pluvieux la nécessitait plutôt il est utile qu'elle
se fasse peu à peu en plusieurs reprises.

Pincement.

Cette opération consiste à rogner d'un coup de serpette
la sommité de tous les bourgeons aussitôt que le raisin est
passé fleur, après les avoir au préalable réunis et attachés ensemble ou contre les échalas, cette pratique est des plus

avantageuses, ses effets principaux sont d'assurer la nouûre du fruit et son développement plus rapide, qui est la conséquence du grossissement plus sensible des bois, effet qui a lieu par le reflux de la sève vers leur partie inférieure. Quant à l'effet produit par le pincement, pour avancer ou retarder la maturité, il est peu sensible; mais toutefois il a lieu pour l'avancer; c'est l'effet général.

D'après ces quelques définitions nous résumons cette notice en insistant sur la possibilité qu'il y a de ne plus dépenser d'engrais pour les vignes afin d'obtenir de meilleurs vins et d'augmenter la somme des autres produits du sol à qui reviendrait ces masses fertilisantes, là seulement elles seraient employées avantageusement. La vigne peut durer indéfiniment en état de production, si elle a été bien plantée et renouvelée avec intelligence par le couchage des souches les plus fatiguées, et si le terrain est partiellement défoncé tous les cinq ans. Quant aux inconvénients du sec et de l'humide, l'intelligence humaine doit s'en jouer aussi bien pour la culture de la vigne que pour toute autre ! elle a vaincu des obstacles bien plus difficiles. Tous les faits signalés ou constatés dans cette notice, constituent une connaissance presque vulgaire dans le Jura et la Côte-d'Or où nous avons longtemps cultivé la vigne, et si plus tard le Congrès de Vignerons se porte sur ces points, il pourra aussi les constater. Je prie Messieurs les Membres du Congrès de considérer dans cette notice, qu'elle est le travail d'un homme de pratique, mû par l'amour de son pays, et qui vient apporter le faible tribut de ses lumières, afin de fournir son moellon à l'édifice que se propose d'élever le Congrès de Vignerons français et étrangers pour le perfectionnement de cette belle partie de notre agriculture.

Je les prie en même temps de me permettre de les assurer de mon profond respect et de mon sincère dévouement. —

Bordeaux, 15 août 1844.

RAMEY, Horticulteur, autrefois Vigneron.

8

NOTICE SUR LA SYNONIMIE DE LA VIGNE.

Par M. JEAN *de* MATHA, *propriétaire Vinicole de la Gironde, membre de la Société d'Agriculture de Bordeaux, chevalier de la Légion-d'Honneur,*

MESSIEURS,

Permettez-moi quelques réflexions sur la Synonimie de la Vigne : je compte sur cette indulgence qui excuse et encourage.

M. CHAPTAL enseigna beaucoup, dans son temps, sur cette synonimie, et sur sa manière de faire le vin. Les théories et les pratiques de ce savant chimiste, de ce vinicole zélé nous ont laissé de quoi exercer l'imagination, et nous livrer à des expériences. Si la vie de l'homme n'était pas si courte, le génie et l'amour du travail de M. CHAPTAL nous auraient plus richement dotés. En continuant de développer son système de Vinification, il n'aurait pas négligé de perfectionner son plan de la Synonimie de la Vigne.

Après M. CHAPTAL, son plan a été suivi et le plus souvent abandonné par des vinicoles : le découragement succèdait au zèle ; il naissait des difficultés et peu de secours pour vaincre.

Les tentatives faites jusqu'ici ont prouvé qu'il faut bien sentir toute la nécessité d'une Synonimie, avoir un goût naturel pour ce genre de travail, s'y adonner constamment, et ne négliger ni observations ni expériences, si l'on veut obtenir des résultats satisfaisants. Quoique l'on puisse faire, ces résultats laisseront toujours quelque chose à désirer.

De nos jours, M. le Comte ODART, MM. BOUCHEREAU frères, le premier, dans la 1re session du Congrès Vinicole, les seconds, dans la suivante à Bordeaux, ont donné des preuves irrécusables d'une ardeur infatigable, d'une rare intelligence, dans les recherches des divers cépages, dans leur classement, et dans le mode de plantation, adopté pour obtenir une Synonimie sûre, invariable. Qu'avions-nous appris dans tous les écrits et de toutes les tentatives sur cette Synonimie avant MM. le Comte Odart et Bouche-reau ? Que savons-nous de plus positif après leurs longs et pénibles travaux ? Rien de positif, que les difficultés à vaincre, et leurs inappréciables soins pour y réussir. Ces Messieurs en conviennent, sans perdre l'espoir d'une réussite plus ou moins tardive, qui couronneront les éloges et la reconnaissance d'un public si lent à les accorder, si positif dans ses exigences. Bientôt vont se groupper, autour de MM. le Comte Odard et Bouchereau, de nombreux amateurs vinicoles plus jeunes et non moins ardents pour le bien général. Activité, zèle, persévérance, rien ne manquera à un travail continu, à des expériences qui se perpétueront de génération en génération, sans que la génération nouvelle en soit réduite, comme la nôtre, à recommencer, à nouveaux frais, comptant presque pour rien les leçons du passé. Pensera-t-on que le plan suivi, jusqu'à ce moment, pour établir la Synonimie de la vigne est le meilleur ? Plusieurs écrivains en ont parlé désavantageusement, et l'ont même considéré comme vicieux et inexécutable. Ils ont regretté que M. Chaptal n'eût resté au ministère assez long-temps, pour en proposer et en faire exécuter un des mieux conçus.

Comme il ne s'agit à cet égard que de connaissances pratiques et que la science n'entre pour rien dans la Synoni-mie de la vigne ; ne serait-il pas essentiel de rechercher ces connaissances en s'adressant, d'abord, à la classe des vignerons ? Les Comices Agricoles auraient obtenu, de l'avis de bien des agriculteurs, des résultats plus prompts et plus avantageux, s'ils avaient commencé à se former dans les Communes, pour marcher, par députation, dans les Cantons, de là, dans les Arrondissements, aller se fondre dans les Chefs-lieux des départements et y rendre publiques

leurs leçons théoriques et pratiques , au moyen de l'impression. De même le travail des Comités Vinicoles , partant
du même point , et suivant la même filière pourrait finir
d'être élaboré par une commission *ad hoc* , dans les sociétés
d'Agriculture départementales , en rapport avec la Société
Centrale à Paris , ou sous les auspices du gouvernement ,
avec ses encouragements et sous sa surveillance. Un résumé
complet et sûr , porterait , en tous lieux , avec le temps ,
la connaissance de cette Synonimie si ardemment désirée.
Nul doute que le plan tel qu'il est conçu et suivi , dans
le moment , ne soit trop vaste. Bien des Vinicoles le
voient immense. Il embrasse non seulement la France ,
mais l'Europe et toutes les parties du monde où la vigne
fut cultivée , et où elle commença à l'être dans le moment.

Que de renseignements à obtenir ! Quelle multiplicité
de noms de cépage ! Que de plantations à opérer en pépinière ! Que d'analogies à trouver , à signaler ! Quel travail
et combien de temps pour en obtenir le résultat ! Y penser
seulement fait naître le découragement. Cependant , en
restreignant le travail à chaque partie du monde , à chaque
Nation , où les habitants agiraient dans leurs provinces ,
dans leurs départements respectifs , on assurerait , d'abord
partout, une réussite partielle plus prompte : ce serait un
grand pas de fait vers une Synonimie utile , quoique res-
treinte , des espèces indigènes de chaque Nation , en atten-
dant , la Synonimie des espèces exotiques , qui, par la nature
du climat où elles sont adoptées, du terrain où elles sont cultivées, à raison de la qualité ou de la quantité de leur produit ,
laisseraient espérer une heureuse *acclimatation* en France,

Il est naturel de croire , que chaque Nation , chaque
canton , pour ainsi dire , où se cultive la vigne , est
déjà pourvu des cépages qui conviennent à son terrain ,
à son climat , et au débit de sa production. Si les temps ,
les circonstances , le caprice des buveurs, la mode enfin ,

exigeaient des vinicoles, l'adoption de quelques cépages ou plus productifs, ou plus fins, ils savaient bien se les procurer. La province du Languedoc en est une preuve récente. Il n'existait dans cette contrée que des cépages à vin très commun, qui n'était bon qu'à brûler, ou à abreuver les montagnards du Tarn et de l'Aveyron et les habitants du Nouveau-Monde, dans les premiers temps de sa découverte. La civilisation s'est étendue ; les palais sont devenus plus délicats ; la Pomme-de-terre, la Carotte et la Betterave ont fourni de l'Eau-de-vie, et le Languedocien s'est empressé de choisir, de tous côtés, des cépages fins. Il a mis à contribution plusieurs départements en France, l'Espagne et jusqu'à la Hongrie. Dans ce moment, le Languedoc offre au concours sur tous les marchés, ses vins plus délicats, plus élaborés par une vinification mieux entendue, et à un prix inférieur à celui des vins dont il s'est efforcé de surpasser, ou du moins d'égaler le mérite.

Il était un temps où les meilleurs vins du Médoc ne s'achetaient qu'à la condition que le vendeur fournirait, en même temps, à l'acquéreur le cinquième en vin de Queyries, gros vin de Palu plus corsé que délicat.

Depuis, les circonstances et un commerce intelligent ont fait apprécier le brillant, le suave, le moelleux, le velouté des vins de certains crus infiniment supérieurs, et les Médocains en général sont parvenus à faire distinguer aux palais les plus délicats, leurs excellents vins, améliorés par des plantations nouvelles, par les progrès de la vinification et la manière de les soigner. Le vin de Bordeaux sera, partout, et dans tous les temps, le roi des vins. La culture et le climat, comme le terrain et les soins, lui assurent cette prérogative. La mauvaise foi pourrait seule la lui faire perdre. Si les temps et les circonstances ont amené, dans bien des localités, des changements heureux, que ne doit pas attendre Marseille de la circonstance qui réunit, dans son sein, l'élite des propriétaires vinicoles de plusieurs départements, composant la troisième assemblée du Congrès, lorsque, dans ses séances, seront développés tous les principes vinicoles, et qu'on y citera les nombreux et utiles exemples à mettre en pratique.

L'Académie de Marseille couronna, dans le temps, un mémoire de M. l'abbé ROZIER sur la manière de faire les vins. Cependant l'abbé ROZIER y reprochait à cette province d'employer des moyens vicieux : il s'y servait même d'expressions peu flatteuses pour les propriétaires. Leur bon esprit rendit justice à l'abbé ROZIER. Plus éclairés, aujourd'hui, sur la culture de la vigne et la vinification, les Marseillais sauront marcher encore mieux vers le perfectionnement et prendre le rang que leur climat et leur position commerciale semblent leur assigner.

Dans tous les temps, les propriétaires de vignobles ont su s'accommoder aux circonstances, au goût, et jusqu'aux caprices des consommateurs.

Aussi, tel vin, qui, naturel, plait aux uns, est modifié pour les autres. Des vignobles plantés en blanc sont convertis en vignobles rouges et *vice versâ*.

Les vins de Grave blancs, secs, agréables et pétillants étaient recherchés, il y a 30 ans, par les consommateurs du Nord, les Russes en particulier. Il a plu à la médecine de croire et de dire, que les vins blancs portaient sur les nerfs ; et à presque tout le monde de le croire. Les vins blancs ont été proscrits de toutes les tables, les vignes blanches, hors celles destinées à faire de l'eau-de-vie, ont presque disparu.

Je pourrais entrer dans le développement de quelques-uns des articles du programme ; mais des vinicoles plus instruits, plus exercés, avec une plume ou une élocution qui laissera moins à désirer, se chargeront de cet agréable devoir. Il suffira à ma satisfaction d'avoir payé un petit tribut au Congrès, s'il daigne l'accueillir, comme une double preuve de mon adhésion à ses travaux.

J'ai l'honneur d'être, avec une considération respectueuse et dévouée, Messieurs,

Votre très humble et très obéissant serviteur,

J. MATHA.

P. S. M. LENOIR publia, en 1828, un volume ayant pour titre : *Traité sur la culture de la Vigne et la Vinification.* Cet ouvrage m'a paru si complet, que je crois rendre service à tout cultivateur de vignes, de le lui recommander.

MÉMOIRE

Sur la plantation des vignes et sur le mode à suivre pour en mettre la culture plus en rapport avec l'économie rurale dans le département des Bouches-du-Rhône; par M. de BEC, *Directeur de la ferme modèle de ce département.*

A l'époque où nous vivons, placés comme nous le sommes, sous l'influence d'habitudes et de concurrences, qui font journellement augmenter le prix de la main-d'œuvre, nous pouvons établir comme principe général, applicable à l'ensemble de notre agriculture, que si nous voulons que les produits agricoles paient les avances qu'ils nécessitent, soldent le cultivateur, et lui donnent les moyens d'acquitter la valeur de la rente due au maître, comme intérêt de ses capitaux engagés dans l'exploitation rurale, il faut que nous nous renfermions dans des conditions rigoureuses d'économie. La solution de ce problème n'est pas sans difficultés; cependant, nous disons que c'est le seul moyen qui permette d'espérer un succès probable, toutes les fois que les profits qu'on attend sont plus sujets à courir des chances d'incertitude, parce que les produits dont ils dépendent, peuvent être de leur nature, plus variables dans leur valeur intrinsèque, plus abondants relativement aux besoins, plus subordonnés aux fluctuations commerciales, plus entourés d'entraves dans leur circulation ou leur libre emploi. Certainement, le vin se classe au premier rang dans ces sortes de produits; aussi, le voyons-nous ne pas toujours payer les travaux exigés par la vigne.

Les vignobles se sont considérablement accrus dans ces derniers temps, au détriment des terres propres aux céréales; des charges énormes pèsent sur leurs produits, et souvent la fraude se mêle à l'industrie pour en altérer les qualités. Ces causes réunies ont avili le prix des vins, à tel point que cette branche importante de l'art agricole, autrefois si lucrative pour le sol du midi de la France, y est devenue, plus d'une fois pour le cultivateur, un objet de regret, de souffrance, et de détresse. C'est donc particulièrement à la culture de la vigne que nous devons faire l'application du principe d'économie rurale que nous venons d'énoncer comme une nécessité. Aussi, disons-nous au vigneron du Midi, au vigneron placé dans des conditions semblables à celui des Bouches-du-Rhône, que pour maintenir l'équilibre dans la balance des dépenses et des produits, surtout pour la faire pencher en bénéfice, il ne lui reste que le moyen de réduire sa culture à la plus simple expression du meilleur marché possible; toute autre voie lui est fermée, interdite, impossible.

Peut-on à volonté créer économie dans la culture de la vigne sans nuire à son rapport? Lorsque le vignoble est déjà établi, et qu'il l'a été sans cette prévision de l'avenir, l'économie que nous voulons signaler est impraticable. C'est dans le mode de plantation adopté, c'est dans la disposition générale qui préside à la division de la plantation, que se trouve seulement la possibilité d'arriver au bon marché dans la culture de la vigne; car, en définitive, cette économie se trouve dans la réduction de la culture à bras, et dans l'emploi bien ordonné des instruments aratoires perfectionnés.

Cette nécessité de produire à bon marché est désirée par tout agriculteur ; mais l'application du principe est aussi rare dans notre département qu'en dehors. Aussi, peut-on dire que ce meilleur marché en est encore à la théorie. En effet, rien n'a été déterminé avec précision sur cette économie désirable ; aucune base bien sûre ne semble avoir été posée comme point de départ ; aucune route certaine n'a été ouverte devant le cultivateur vigneron, qui a besoin d'imiter, pour se convaincre et marcher vite. Quelquefois seulement, on nous a proposé de quitter nos habitudes de plantation, pour adopter celles de nos voisins placés en delà du Rhône ; et quelques localités, où l'analogie des terres a quelque ressemblance avec les terrains du Languedoc, offrent, en effet, des exemples de cette imitation.

Mais cette imitation peut-elle devenir générale? Convient-elle à notre sol ? Il nous importe de résoudre cette question. Nous trouverons sa solution dans l'examen qui va suivre. Avant d'aller plus loin, nous exposerons ici ce mode de plantation qu'on nous propose, et les soins indispensables qui en sont la conséquence. Je ne m'arrête point à parler du moyen expéditif de placer les ceps dans le sol à distance voulue, avec l'aide seulement d'un pieu, pour faire le trou, et sans autre préparation. Cette méthode que nous avons entendu prononcer, fut-elle excellente partout ailleurs, serait dérisoire pour nous. Je l'ai fait essayer, et le résultat a été la nécessité d'en venir à un défoncement subséquent pour sauver une partie des plants, les autres n'ayant pas tardé à périr.

Dans les vignobles du Languedoc, dans l'Hérault, par exemple, pour obtenir une plantation de vignes bien faite, on défonce le terrain, soit à la pioche, soit à la charrue à 50 centimètres de profondeur; on donne ensuite un ou deux labours sur ce guéret pour parfaitement égaliser la terre ; enfin , avec un rayonneur, approprié à la force d'un homme et portant plusieurs socs , on trace des raies à la distance déterminée pour espacer les plants entre eux. Quand on a fini le champ , on recommence à le rayonner dans le sens opposé et l'on plante le sarment partout où les lignes se croisent. En général , on place ainsi les ceps à 1 mètre 60 en carré , ou à 2 mètres 50 dans un sens et 0 mètre 75 dans l'autre. La différence des distances est calculée sur la bonté du terrain et elles deviennent moindres selon qu'il est plus riche. Car dans cette partie du midi , les vignes ont envahi les sols les plus féconds.

En parlant de l'ensemble des cultures nécessaires , nous ne tenons pas compte ici des divers soins qu'on donne à la vigne selon les diverses localités. En général, il est indispensable de la labourer deux fois , et de lui donner une culture à la pioche. La première raie se fait avant la pousse ; alors, on laboure d'abord dans un sens des intervalles et immédiatement quand on a fini , on laboure dans l'autre sens , afin de cultiver les intervalles laissés sans travail. On réduit ainsi l'œuvre de la pioche à la moindre dimension possible. Il ne reste , en effet , pour la culture à bras , que la surface occupée par l'extension de la vigne, et qu'on peut estimer au minimum à un carré de 50 centimètres de côté. La seconde raie se donne quand la vigne a pris ses feuilles , alors on ne laboure que dans un sens , on ne passe qu'une fois pour ne pas lui porter dommage.

Tel serait donc le modèle de plantation proposé à notre agriculture pour la culture de la vigne. Sommes-nous dans des conditions foncières qui nous permettent de l'adopter ? On peut établir que la masse de nos terrains consacrés à la vigne n'a , au contraire , aucune similitude avec ceux des vignobles du Languedoc : là , ils sont plantés dans des sols caillouteux , mélangés d'argile et de marne, perméables aux racines dans toute son étendue , et habituellement placés en plaine. Nos terres , au contraire , beaucoup plus accidentées, posent sur du calcaire et souvent sur des carbonates très durs et à petite distance de la surface. Cette disposition, en changeant les moyens, change nécessairement l'industrie. Pour nous, le défoncement à plein est impraticable ou ruineux ; le défoncement à la charrue se borne à remuer la superficie du sol que la pioche seule peut attaquer avec succès dans sa profondeur. Nous ne pouvons donc pas aller chercher au delà du Rhône une imitation qui ne nous convient pas.

Au reste, ce genre de plantation fût-il possible pour nous, nous apporterait-il toute l'économie désirable dans la suite des cultures, nous voyons d'abord que le premier labour entraîne une perte considérable de temps, puisque pour remuer les petits intervalles laissés, il faut recommencer l'œuvre en son entier et en sens inverse. Outre le surcroît de dépenses, il y a ici grand inconvénient de travail si la terre est molle ; il y a encore inconvénient, si le labour est bien exécuté, comme le serait la charrue perfectionnée ; car, dans ce cas, la première raie aura parfaitement retourné le terrain, enfoui les herbes et extirpé les mauvaises racines. La seconde raie immédiate, en croisant la première, défait, pour ainsi dire, le travail ; elle remet les herbes encore vivantes sur le guéret et enfouit de nouveau les racines vivaces avant qu'elles aient péri. En second lieu, après le labour il faut donner l'œuvre de la pioche au pied de chaque cep. Mais comme ces ceps sont assez éloignés les uns des autres, et qu'entre deux il y a un intervalle labouré, il y a nécessité que le vigneron se relève pour changer de place, ce qui occasione une autre perte de temps, qui, souvent répétée, fait une somme si l'on tient un compte exact. Or, toutes les fois qu'il est possible de constater des pertes de temps appréciables, et des travaux en surcharge, il n'y a pas toute l'économie à laquelle on peut désirer d'atteindre. Cette observation peut n'être pas d'une grande importance, dans un pays, où la main-d'œuvre est d'un tiers moins chère que dans le nôtre; mais pour nous, moins bien placés, elle est d'une grande considération. On dira que l'économie se trouve en ce qu'on obtient sur une surface moindre, des produits que nous n'obtenons que sur des surfaces beaucoup plus grandes, et par conséquent, exigeant une plus forte somme de travaux. Pour trouver égalité de bénéfices sur un terrain équivalant en surface, il faudrait, en changeant nos pratiques, pour celles de nos voisins, transformer aussi la nature de notre sol, ou abandonner à la vigne les fonds de terre riches que nous réservons pour les céréales. Nous pourrions, en cela, ne pas trouver un profit pour notre agriculture. Nous laissons donc à nos voisins des habitudes qui leur conviennent mieux qu'à nous.

Resterons-nous dans nos anciennes pratiques ?

Pour adopter comme pour repousser une culture, il est nécessaire de se rendre compte des raisons déterminantes. Il nous reste à examiner ce que sont nos plantations de vigne selon nos habitudes.

Nous plantons la vigne en lignes, nous espaçons ces lignes par des intervalles que les localités font plus ou moins grands, et ces intervalles nous donnent des récoltes intermédiaires et des arbres à fruits d'un excellent produit. Dans ce système, on obtient du sol un maximum en rendements variés, comme dans l'autre on vise à obtenir un maximum en rendement de même espèce. Les détracteurs de nos habitudes méridionales, ne considérant notre agriculture qu'avec des yeux étrangers et des idées qui ont été puisées en dehors des nécessités locales, ne font pas assez la part de cette variété de produits et se hâtent trop de conclure par un blâme qui s'applique à tort, parce qu'ils n'ont regardé qu'un seul des produits et lui ont fait porter toutes les charges du sol, qui sont pour nous partagées entre trois ou quatre récoltes qui se succèdent et s'obtiennent avec la même culture, car par ce système on pourrait dire que la vigne ne compte que les soins de la taille et la culture à bras des ceps. Mais nous ne tiendrons point compte ici de ces considérations. Nous ne nous occuperons que de la vigne, et nous la supposerons plantée seule, comme on la trouve souvent dans l'exploitation de nos fermes de moyenne et de grande culture.

Les lignes de vigne sont ordinairement plantées sur deux ou trois rangs de ceps, et quelquefois sur quatre. Les ceps sont espacés d'un mètre de l'un à l'autre, c'est-à-dire que chaque mètre carré nourrit un plant. Cette disposition nous démontre d'abord que les frais de la culture à bras sont énormes, puisque chaque cep oblige de remuer un mètre carré de terre au moyen de la pioche. En second lieu, l'inspection des plants nous prouve précisément l'impossibilité de planter le terrain à plein, car les ceps du rang du milieu, dans les lignes à trois rangs sont toujours inférieurs à ceux des côtés. Outre ces défauts, le mode ancien de nos plantations offre encore de grandes défectuosités dans l'exécution des labours donnés dans les intervalles des lignes avec nos vieilles charrues. En effet, avec ces vieux instruments, pour obtenir un travail moins mauvais, il faut croiser les raies à chaque œuvre différente. Mais pour peu que les intervalles des lignes soient rétrécis, ce croisement, de nul effet, n'est dans son exécution qu'une perte de temps très peu profitable.

Aussi, en est-il de ces considérations, qui sont l'expression vraie de notre manière de planter les vignes, que le plus souvent, la vigne entre les mains d'un colon partiaire dépérit rapidement ; parce qu'il se refuse à la dépense de la culture à bras qui l'accable dans les années de faibles produits, et parce qu'il accomplit mal les labours qui exigeraient la plus grande précision pour être à peine passables.

Examiné sous ce point de vue, il semble que nous n'aurions pas à hésiter à abandonner ce mode de plantation, si dans la disposition qu'on lui donne et la division qu'on peut en faire, nous ne reconnaissions pas deux grands avantages.

1° Économie dans les frais de plantation.

Nous avons dit qu'il serait ruineux et le plus souvent impraticable de défoncer notre sous-sol pour établir une vigne en plein. La plantation en lignes n'exige que de percer le terrain par intervalle, et les racines du cep, une fois établies dans la couche inférieure, au sous-sol, la vigne prospère admirablement, acquiert une vigueur remarquable, s'y maintient malgré la sécheresse, y vit de longues années.

2° La conservation du sol.

La généralité de nos vignes occupe des coteaux ou des terrains plus ou moins en pente ; quelque faible que soit cette inclinaison du sol, si la charrue y trace une raie du haut dans le bas, elle ouvre un torrent. Au contraire, la disposition et la direction des lignes de vignes, sagement calculée en sens inverse de l'inclinaison naturelle, tend essentiellement à la conservation du sol. D'abord, parce que chaque rang de vigne, placé parallèle à l'horizon, sert de repos aux eaux pluviales qu'il absorbe ou qu'il détourne en retenant les terres, et en second lieu parce qu'il empêche à tout jamais à la charrue de labourer dans un sens préjudiciable.

Nous arrivons donc à conclure que d'une part des raisons locales et d'économie ne nous permettent pas d'adopter les pratiques de nos voisins, et que de l'autre des raisons de convenances nous font regarder comme utiles, nos pratiques fondées sur des lois de nécessité. Que nous reste-t-il donc à nous vignerons, de cette partie du midi, où la culture a toutes les entraves de la cherté ? Nous avons à modifier notre pratique, nous devons conserver le mode et la disposition des plantations en général, comme bons en eux-mêmes, mais nous devons substituer à leur défectuosités de culture un ordre qui puisse réduire le coût de la main-d'œuvre à sa moindre expression, soit en plantant dans un meilleur système, soit en nous servant uniquement des instruments aratoires perfectionnés.

Dans ce but, nous proposons comme moyen, la pratique nouvelle et qui doit entièrement remplacer l'ancienne, *de faire les plantations de vignes en ligne n'ayant qu'un seul rang de ceps*. Gardant l'usage des rangs doubles ou triples pour servir de bordure à un champ où le rang simple serait exposé à trop d'avaries, de la part d'un voisin entreprenant.

Nous ne proposons ici que ce que l'expérience nous a démontré comme un avantage infiniment appréciable. L'homme attaché à ses usages, et qui redoute toute innovation, objectera que le terrain n'aura pas assez de plants, que les vents attaqueront avec plus de pertes les plants isolés. La première objection est de nulle valeur, parce que sur les lignes à un seul rang on plante les sarments à la distance de 50 ou de 60 centimètres l'un de l'autre, et que par conséquent, la même surface nourrit autant de ceps que si les rangs étaient doubles. Quant à l'objection de l'action des vents, elle est tout à fait spécieuse. Les vents ne désolent les vignes qu'à l'époque où les pousses sont encore tendres. Dans ce moment, quelque nombreuses et rapprochées qu'elles fussent, elles ne sauraient défendre leurs bourgeons, trop jeunes encore pour se faire abri les uns aux autres. Plus tard, la ligne seule se défend aussi bien et peut-être mieux que les rangs doubles, parce que les ceps sont plus rapprochés et se prêtent appui.

La vigne ainsi plantée sur un seul rang, donne à la charrue la facilité de cultiver à peu près jusqu'au pied du cep, surtout en attelant les bêtes de tirage l'une devant l'autre. Il ne reste sur toute la ligne qu'un espace étroit de 50 centimètres à cultiver à la pioche; ce qui s'opère d'autant plus vite que le cultivateur vigneron ne se dérange pas et va toujours en avant. Mais le bénéfice de cette manière de cultiver ne s'obtient dans tout son développement qu'avec la charrue perfectionnée, parce que seulement avec cet instrument, on peut creuser et complètement retourner le sol et le débarrasser de toute plante nuisible, parce que encore seulement avec cet instrument, on est dispensé de croiser les raies pour attaquer toute la couche arable.

Avoir signalé cette façon de planter la vigne, doit suffire à toute intelligence agricole, qui comprend l'importance des travaux promptement exécutés et bien faits. Ce mode de plantation est si simple, qu'il ne peut que réussir toutes les fois qu'on voudra se convaincre de son utilité pour ramener la culture de la vigne aux moindres frais possibles. En effet, et c'est par où nous finissons, nous posons en fait que par ce mode, la dépense de culture est infiniment moindre que par toute autre pratique de plantation. Car, si nous résumons ce que nous avons dit, la culture de la vigne exige toujours travail des bras et travail de la charrue. Mais dans l'un comme dans l'autre de ces travaux, dans les plantations en lignes d'un seul rang, il n'y a jamais ni perte de temps, ni surcharge inutile, et la main-d'œuvre n'a pour chaque cep qu'un quart de mètre carré de terre à remuer avec la pioche.

Nous souvenant de ce que nous avons établi sur les exigences des autres modes de plantations, nous savons, au contraire, que selon la façon de planter du Languedoc, en supposant, d'ailleurs, l'œuvre de la main-d'œuvre égale à celle de la plantation en lignes d'un rang, il y a perte de temps pour le vigneron, surcharge de travail pour le laboureur, emploi inutile de force qui équivaut presque à ce qu'en exigerait une raie de plus; et selon la pratique de nos anciens usages agricoles, sans tenir compte de la défectuosité des labours, nous voyons par le plus simple aperçu, que le coût de la main-d'œuvre est trois fois plus considérable pour chaque cep.

Revenant donc au principe déjà posé, qu'il y a nécessité, dans l'état actuel des choses, d'obtenir les produits d'une exploitation rurale, au meilleur marché possible, nous coucluons *que la culture de la vigne en ligne unique d'un seul rang*, étant celle qui apporte seule cette économie désirable, c'est aussi celle qu'il nous est le plus avantageux d'adopter.

Le Directeur de la ferme modèle des Bouches-du-Rhône.

P. DE BEC.

MÉMOIRE SUR LES DIVERS CÉPAGES CULTIVÉS DANS LE DÉPARTEMENT DU VAR,

Par M. PELLICOT, *Secrétaire du Comice agricole de Toulon.*

Messieurs,

Votre zèle éclairé, votre amour du progrès, vos nobles efforts pour approfondir les divers procédés de viticulture et d'œnologie vous méritent à juste titre l'éloge de vos concitoyens, car en travaillant à développer et à perfectionner l'industrie vinicole, vous vous efforcerez de grandir encore la plus nationale des industries. Mais je ne puis m'empêcher d'ajouter que vous aurez concouru à jeter les bases d'un utile projet, si vous encouragez de votre sanction les travaux qui auront pour but de débrouiller le cahos qui, comme un voile impénétrable, enveloppe les diverses espèces de cépages, et qui laissant porter à la même espèce, des noms divers dans des localités quelquefois même rapprochées, ne me permet pas de reconnaître les types. Il y a pour les cépages deux mille noms connus à peu près ; qui pourra me dire avec certitude que ces deux mille noms couvrent deux mille variétés ? Et lorsque nous reconnaissons plusieurs dénominations à une seule variété, qui pourrait me nier qu'il y a plus de 5 à 600 espèces ; ce qui, hâtons-nous de le dire, nous paraît plus que suffisant pour couvrir des meilleurs cépages tous les coteaux de l'univers. Dans le Var et les Bouches-du-Rhône, dans ces deux départements si voisins et si identiques sous le rapport des productions , du sol et de la température , qui croirait que souvent les mêmes sont désignés par des noms différents ? Comment reconnaître une variété recommandable à travers cet échafaudage de dénominations? Comment ne pas être induit en erreur au point de faire quelquefois venir de loin et à grands frais ce qu'on possède déjà soi-même ? Pour cette synonimie il faut de la persévérance ; il faut une pensée puissante et directrice qui réunisse et fasse concorder les documents acquis, il faut toute l'influence du Congrès actuel et des Congrès à venir. Que les viticulteurs laborieux et zélés remplissent pour leur canton la tâche que je remplis pour l'arrondissement de Toulon en donnant une notice sur les cépages qui y sont cultivés.

Raisins noirs par ordre de maturité.

Le Tibouren , Antiboulen , Gaysserin dans l'Est du département du Var.

Un des meilleurs raisins pour la table. Végétation forte et vigoureuse , prompt à se mettre à fruit , très productif dans les terres fraîches et profondes. Feuilles profondément laciniées , ceps tendant à s'élever , sarments de couleur brune violacée , raisins longs n'ayant point dans leur coloration la teinte bleuâtre de quelques raisins noirs , grains peu serrés et attachés à des pédoncules assez allongés et entremêlés , presque toujours, de petits grains avortés. Grande durée; donnant un vin clair, pétillant , agréable , mais capiteux.

Le tibouren poussant de très bonne heure est souvent ravagé par les gelées printanières dans les lieux bas ; cependant les terrains profonds conviennent merveilleusement à sa végétation. Quand sa première floraison est détruite par une cause quelconque , il s'en développe presque toujours une seconde, des grappes petites mais nombreuses, qui souvent sont muries pour la vendange. Il existe une variété de tibouren dont le fruit coule toujours, (*lou Deflouraïre*) on ne peut la distinguer de l'autre qu'à ses grappes qui portent à peine 4 à 5 grains bons, au milieu de grains avortés. Il faut dès qu'on reconnaît cette mauvaise espèce la marquer, pour la greffer en temps propice, et l'empêcher de se répandre.

L'*Ugni noir*, pisse-vin, aussi précoce que l'espèce précédente et redoutant encore plus les gelées du printemps. L'ugni noir est remarquable par le nombre et la grosseur de ses raisins à grains gros et arrondis bons seulement pour faire du vin; car ils ne paraissent jamais sur les tables. D'une végétation très vigoureuse au début; les ceps, au bout de plusieurs années, tendant à se raccourcir progressivement. Il mérite, à cause de son grand produit, une place dans les plantations. Le vin fait avec son raisin devient promptement limpide, mais il est faible. Les ceps tendent à ramper, feuilles peu divisées et à lobes peu marqués. Le *Roussillon*, rivesalte, confondu par plusieurs propriétaires avec les grenaches, dont il se rapproche beaucoup; on l'appelle aussi bois jaune à cause de la couleur du sarment. Vigne d'une belle végétation dans les premiers temps de son existence, mais qui dépérit ensuite rapidement dans certains cantons, tellement qu'elle n'y donne plus de produits au bout de 15 à 20 ans. Importée dans nos contrées il y a une trentaine d'années, elle y fut l'objet d'un engouement général, et obtint une large place dans les plantations de l'époque et des années qui suivirent; mais après avoir prospéré quelque temps, elle décrut bientôt. Quoique le dépérissement soit plus prompt dans les plaines humides, j'ai vu les lieux secs subir quelques années plus tard la même loi. Néanmoins, si l'on persistait à placer cette espèce dans les plantations de vignes il faudrait en repartir les crossettes entre des espèces de longue durée afin de pouvoir provigner plus tard. Le rivesalte est recommandable sous le rapport du produit et de la qualité du vin; il est reconnaissable à la couleur orange du sarment sec, et blanc jaunâtre du sarment frais;

sa feuille est lisse et comme vernie, il a de la tendance à
s'élever.

Le *Brun fourca* : végétation moyenne, production assez
abondante. Raisins d'une belle grosseur, à grains gros, moins
cependant que ceux de l'ugni noir, et se détachant facilement
de la grappe lorsqu'ils sont murs. Les terrains calcaires
paraissent convenir au brun fourca, qui redoute l'humidité
stagnante dans le sous sol. Le vin qu'il produit est de
bonne qualité, on assure qu'il est identique avec un des
cépages renommés du Bordelais. La durée est moyenne.
Ses feuilles peu déchiquetées sont plus ou moins recoquillées
en dedans, elles ont quelquefois le bord rougeâtre.

Le *Mourvède* (1); le meilleur de nos raisins noirs pour
la production des vins forts et chargés en couleur dits
vins corcés du commerce, qui supportent très bien le transport. Ces vins sont achetés pour être coupés avec des vins
plus légers. On a cru reconnaître diverses variétés de mourvèdes, mais c'est la culture et la nature du terrain qui
le modifie. Paresseux et infécond sur les coteaux graveleux
et secs, sur ceux où dominent l'argile ou la silice, périssant
dans les terres humides dans le sous sol ; les terres calcaires,
profondes et légères paraissent spécialement lui convenir.
Les environs du Beausset, de la Cadière, du Castellet,
la vallée de Saint-Cyr, les côtes de Bandol sont les lieux
où cette vigne prospère le mieux. Elle y est aussi féconde
que les plus productives, et fournit, presque exclusivement,
les vins connus dans le commerce sous le nom de vins
de Bandol du lieu où on les embarque. Le mourvède dure
longtemps, il se met bientôt à fructifier, mais son produit
diminue à mesure qu'il vieillit; aussi les cultivateurs des

(1) M. Lannes, membre du Comice agricole de Moissac, remarquable par ses connaissances viticoles, en voyant nos mourvèdes, a reconnu le cépage appelé perpignant et mourastel, dans
le département de Tarn-et-Garonne.

environs de Toulon disent qu'il fait rire le père et pleurer
le fils. C'est une des vignes qui affectent le plus la position
verticale, aussi, est-elle souvent ravagée par les vents impétueux. Dans le fort des chaleurs de l'été, on voit plusieurs
mourvèdes se dessécher spontanément et périr. Sa feuille
est médiocrement divisée et rugueuse.

Le *Pecoui-touar*, qui est une espèce de picapouille, grand
produit et longévité remarquable, telles sont les qualités
essentielles du pecoui-touar. Il se met à fruit plus tard que
le mourvède, mais il continue à produire, et j'ai vu dans
des vignobles qu'on allait détruire à cause de leur vetusté
les pecoui-touars encore chargés de raisins. C'est à ma
connaissance la vigne qui résiste le mieux à l'humidité du
sol. Son raisin aqueux, peu coloré et insipide donne du
vin faible, mais mélangé, pour un quart environ aux bonnes
espèces, il ne nuit pas à la qualité. Ses feuilles quelquefois
profondément laciniées, se rapprochent de celles du tibouren,
mais elles sont souvent plus petites, la verdure est d'une
teinte plus jaunâtre et le revers plus blanc, cette vigne
tend à ramper.

Le *Monestel*, importé dans nos contrées en même temps
que le Roussillon, vit plus longtemps que celui-ci, quoique
sa durée n'égale pas celle de la plupart des espèces précédentes.
Il est très fécond et sa végétation est d'abord vigoureuse.
Les raisins se rapprochent de ceux du mourvède, mais
on trouve presque toujours sur les grappes mûres des grains
ou verts ou rouges clairs et par conséquent acides. Au
bout d'une vingtaine d'années environ, on aperçoit une
diminution dans la force de végétation, et dans la longueur
des grappes. Quand le monestel domine dans les plantations
il faut vendanger plus tard ; le vin qu'il produit est coloré,
moins cependant que celui du mourvède. On le connaît
aux environs d'Aix sous le nom de plant de ledenon et
bois dur ; cette dernière dénomination lui a été imposée
à cause de la dureté de ses sarments, qu'on ne taille bien

qu'avec le sécateur, car ils ébrèchent la serpe qui aussi les éclate souvent. Les avis sont partagés sur les qualités de son vin ; les uns assurent qu'il est bon, sans valoir cependant celui du grenache et du mourvède ; d'autres affirment le contraire, sans doute, parce qu'ils n'ont pas assez laissé mûrir le raisin. Vers la fin de l'été, le monestel commence à se dépouiller de ses feuilles inférieures, celles qui restent passent ensuite du vert à la couleur rouge. Ses feuilles sont découpées, moins cependant que celles du tibouren, leur surface est plus rugneuse, les ceps tendent à s'élever et vu leur dureté ils sont rarement abattus par les vents.

Le *Bouteillan*, espèce appréciée dans quelques localités pour son grand produit, mais que j'ai trouvé presque toujours fort paresseuse chez moi. Je dis presque toujours, parce que sur vingt individus environ, j'en ai trouvé quelquefois un ou deux très féconds. Le bouteillan, n'ayant du reste aucune autre qualité qui puisse le recommander, je l'ai proscrit de mes plantations récentes. Raisin court à gros grains. Végétation forte, tendance à s'élever, sarments épais, pas très longs, ne retombant presque jamais sur le sol. Feuille moyenne, peu découpée et un peu reluisante. On lui donne à Marseille le nom de petit bouteillan. Outre les cépages ci-dessus mentionnés, et qui sont les plus communs dans l'arrondissement de Toulon, plusieurs autres se rencontrent dans nos vignobles bien moins multipliés et quelquefois à l'insu, en quelque sorte, du propriétaire. Il en est aussi qui, abondants dans le nord du département, ne réussissent pas vers le littoral ; tel est le *Teoulié*, fort bonne espèce pour la table et pour le vin, on assure que c'est le pineau de Bourgogne. On trouve, mais en petite quantité dans nos vignobles, le *Barbaroux*, dit aussi rousselet, marocain et grec, le raisin en est remarquable par sa belle couleur rouge clair, il est principalement cultivé pour la table, rarement pour le vin ; il préfère aux plaines les coteaux, mais il y végète mieux, mais y est rarement productif. Une variété à grains plus gros, un peu applatis et décolorés à l'ombre et vers le sol est plus féconde et prospère partout, elle est moins délicate pour la table ; sa végétation est vigoureuse et sa longévité remarquable, quelques personnes lui donnent le nom de *Rochellois*. On trouve encore le *Pascal noir*, vigne de coteau, productive et néanmoins reléguée dans quelques localités sèches ou élevées.

La *Panse noire*, ou *Olivette noire* : raisins gros et allongés grains longs. On les conserve pour l'hiver.

Le *Danugue*, raisin très gros à grains gros et arrondis.

Le *Gros-guien* gros guillaume, variété rapprochée; raisins très gros, mûrissant difficilement.

Le *Poumestre* qui mûrit imparfaitement, et produit de très gros raisins à grains rouges, un peu durs et se conservant très bien en hiver. Aucune des quatre variétés ci-dessus n'est propagée pour la production du vin, et même fort peu pour la table, vu qu'ils ne sont rien moins que délicats au goût, c'est le plus souvent la curiosité qui a fait conserver quelques souches pour montrer leurs énormes raisins. Leur végétation étant forte, il convient pour les faire produire de les élever en treille. Je ne ferai que mentionner le muscat rouge ou noir, vigne paresseuse, le crussen, raisin qu'on garde pour l'hiver. Ici finit la liste des raisins noirs et rouges des vignobles de l'arrondissement, on pourrait même ajouter du département du Var. Seulement une espèce domine dans telle localité, c'est une autre espèce qui domine dans l'autre.

Raisins blancs.

Le *Chasselas* ou plant de Saint-Jean, mâturité vers la fin de juillet et les premiers jours d'août suivant l'exposition.

Le *Chasselas* d'Autriche ou plant de Ciouta, remarquable par ses feuilles découpées jusques à la naissance des nervures, raisin semblable au chasselas ordinaire, végétation faible ainsi que celle des chasselas quand ils ne sont point en treilles, ou en espaliers.

Le *Magdalenen* se rapproche du plant de Saint-Jean et mûrit vers la même époque, sa végétation est plus vigoureuse et son raisin plus gros, et d'une teinte plus verte.

La *Panse précoce* Sicilien, vigne forte, productive, raisins gros comme ceux de la panse, mais plus transparents et d'un blanc plus doré à grande maturité, aqueux et peu sapides, comme la plupart des raisins précoces, grains allongés.

Le *Pascal blanc*, tandis que les espèces précédentes sont, à cause de leur précocité, cultivées exclusivement pour la table, celui-ci l'est principalement pour la production du vin. Il est également précoce, et se gâte plus facilement qu'aucun autre raisin blanc. Il est nécessaire de le vendanger dès qu'il est mûr, si on veut en tirer parti. Cette vigne est vivace, elle est remarquable par la grosseur et le nombre de ses raisins à grains petits, ronds et serrés. Elle convient spécialement pour les coteaux et les terres sèches.

Le plant de Marseille, *Mayorquin*, plant de Languedoc, *Bormen*. Vigne forte et vigoureuse produisant des raisins d'une grande dimension, fort bons pour la table et surtout pour être convertis en raisins secs, vu la finesse de la peau. Les grains sont ronds, et souvent de diverses grosseurs sur la même grappe, ils sont attachés à un pédoncule allongé. Sarments à nodosités marquées vers la naissance des ramifications qui sont fréquentes dans cette espèce, aspect de la vigne, arrondi, feuille grande et découpée. Ce cépage mérite d'être multiplié soit pour la table, soit pour le vin blanc, sa longévité est fort grande,

La *Panse ordinaire*. Vigne forte et productive dont le raisin est destiné à être desséché pour l'hiver, on le garde également sans le tremper dans la lessive ; mais il se gâte assez vite. Cette vigne rampe beaucoup plus que l'espèce précédente , ses feuilles ont la surface plus rugueuse , d'un vert plus foncé avec le revers blanchâtre.

Le *Colombaud* Aubier, vigne forte, productive , de grande durée, s'élevant comme le mourvède. Raisin de belle grosseur à grains gros , assez bon pour la table , pourrissant facilement, mais excellent pour le vin blanc. Feuilles peu découpées , légèrement recoquillées en dedans. Le colombaud donne du bouquet au vin blanc et le rend clair et limpide , mais sec , or les cabaretiers qui consomment la plus grande partie de nos vins blancs , payent plus cher les vins blancs doux et liquoreux , ce qui, joint à la facilité qu'a le raisin de se gâter, fait que l'on plante peu de colombauds. Cette vigne craint peu l'humidité du sol , et possède à cet égard les mêmes propriétés que le *Pecoui-touar*.

La *Clairette* , vigne rarement vigoureuse, et de peu de durée , mais produisant un raisin exquis conservé en hiver; c'est aussi celui qui se garde le plus longtemps et se dessèche même plutôt que de se gâter. C'est avec la clairette qu'on fait à Trans, près Draguignan , où cette vigne prospère , un vin mousseux qui se rapproche de la blanquette de Limoux. Il y a plusieurs variétés de clairettes, les unes ont le raisin doré légérement , les autres ont le raisin et les grains plus gros , telle est la grosse clairette. Les produits de ces variétés peuvent être plus abondants , ils n'ont pas la saveur ni les qualités de la clairette de Trans , qui est facile à reconnaître à sa feuille petite d'un vert foncé en dessus, blanchâtre au dessous et rugueuse , et qui tend à ramper plus que les autres. Toutes les clairettes ont le grain allongé.

L'*Ugni blanc* , à Pignans, clairette , au grain rond. On ne peut refuser dans nos contrées la prééminence à cette espèce sur les autres raisins blancs, sous le rapport de la qualité du produit et de la durée de la vigne , la clairette seule l'emporte pour la qualité , mais elle est inférieure sous les autres rapports. Néanmoins, l'ugni n'est bon pour la table qu'en hiver , mais il donne de la force au vin rouge et est la base des bons vins blancs. Le raisin se conserve fort longtemps, et se gâte rarement. J'ai remarqué qu'il craignait l'humidité prolongée du sol. Il y en a deux variétés ; l'une produit des raisins légèrement colorés en rose, elle a la réputation d'être plus productive, c'est l'ugni roux ; le raisin de l'autre est transperent et incolore, il mûrit ordinairement un peu plus tard que l'autre, d'après M. BOUCHEREAU, c'est le muscadet aigre du Bordelais ; l'épithète d'aigre lui a été imposée parce qu'il y mûrit rarement.

L'*Araignan*, que M. LANNES nous a dit être le *Millau blanc* de Gascogne est une vigne très productive, ses raisins sont d'une belle grosseur, un peu ramassés à grains allongés. Cette vigne tend à s'élever, ses feuilles sont un peu découpées, elle est du reste moins multipliée que les espèces ci-dessus. Outre ces diverses variétés de cépages blancs, il en est d'autres qui produisent des raisins de bouche soit pour être mangés immédiatement, soit pour être mangés l'hiver, avec ou sans préparation. Telle est la panse musquée qui sert à faire les raisins secs de Malaga si estimés, et est supérieure à la plupart des raisins pour la table.

Elle n'est d'une grande durée qu'en treille. Trois variétés de muscats, le muscat blanc, le plus savoureux, assez productif, le muscat rouge, moins fécond et moins agréable au goût, il en est de même du primavis muscat qui n'a qu'une légère saveur musquée, mais est plus précoce encore que le muscat ordinaire ; ces trois variétés sont peu vivaces.

Le *Verdal*, belle vigne à feuilles un peu persillées, produit quelques raisins à beaux grains arrondis, elle est ordinairement un peu paresseuse, il faut lui en tenir compte en allongeant la taille. Son raisin est en hiver d'une saveur fort agréable.

L'*Olivette*, produit des raisins d'un blanc jaunâtre à grains allongés qui se conservent fort longtemps, et ne sont même bons à manger que fort tard. Ce cépage ne prospère pas dans les localités humides. Il est encore quelques variétés peu recommandables, que le hasard ou l'ignorance font trouver dans les plantations sans qu'on ait cherché à les propager. Telles sont le primavis ordinaire, vigne précoce, une espèce de cépage blanc à feuilles découpées, dont les raisins à grains fort petits produisent peu de jus et que nos cultivateurs appellent *ménédetta* ; au premier aspect on la confondrait avec le tibouren si le sarment n'était plus foncé et la vigne plus rampante. Il y a aussi deux espèces infertiles, une blanche et une rouge appelées Belles-de-Mai, vu qu'elles promettent au printemps plus qu'elles ne tiennent en automne.

OBSERVATIONS.

Nous pensons que les indications que nous venons de donner, ne seront pas sans utilité pour les propriétaires qui possèdent les espèces que nous venons de mentionner. On établit des vignobles avec des crossettes ou maillots recueillis çà et là dans diverses propriétés. C'est bien souvent le hasard qui seul est pris pour guide. Sur la parole d'un paysan qui vous dit que les vignobles de monsieur un tel sont productifs, on envoie prendre des maillots sans se rendre raison de ce que l'on veut et de ce que l'on doit planter. On mélange les espèces de peu de durée avec celles qui vivent longtemps, et on ramasse presque toujours quelque cépage infertile, que quelque ouvrier mal intentionné pourra peut-être propager plus tard malgré vous. Au bout d'un certain nombre d'années, les cépages de courte durée périssent, et par suite, on voit des vides se manifester dans les plantations. Le provignage est le moyen, sans doute, pour obvier à ce mal, mais il ne réussit pas partout, et la vigne à provigner ne remplit pas toujours les conditions, elle est peut-être aussi déjà vieille et usée, tandis que d'autres çà et là sont en plein rapport ; Il est pénible d'arracher ce qui produit, il est fâcheux de voir le sol ne contenir que le tiers ou le quart des vignes qu'il pourrait porter, tout en exigeant le même travail. En mettant ensemble les espèces de longue durée, et plaçant séparément les autres, les diverses parties des vignobles produiraient ou cesseraient simultanément. On ignore aussi les conditions de culture des cépages et l'on met dans les terres graveleuses ou sur les coteaux, celles qui exigent des terres profondes, tandis que l'on placera dans les plaines les espèces précoces dont la floraison est souvent détruite par les gelées printanières. Si, comme dans plusieurs localités, on entremêle des oliviers dans les hautains, au lieu de mettre à l'entour des espèces rampantes comme le pecoui-touar et l'ugni blanc qui a surtout le mérite de produire à l'ombre, on plantera peut-être des mourvèdes ou des colombauds, qui s'élèveront et nuiront au développement des jeunes arbres en les enveloppant de leur vrilles ligneuses. Veut-on un vin délicat ? Il faut faire le choix de tel cépage. Veut-on des vins corcés pour le transport ? Il faut planter principalement le mourvède et exclure les cépages blancs. Veut-on la quantité sans s'inquiéter de la qualité ? Il faut multiplier les pecouis-touars, les ugnis noirs et blancs et quelques autres. On croit généralement en province que le mélange des espèces est utile à la production et à la vigueur des vignes ; des hommes de science partagent cette opinion, parce qu'ils considèrent les divers cépages comme des végétaux séparés qui puisent dans le sol des éléments différents, comme le sont les végétaux étrangers les uns aux autres, alors qu'on les cultive réunis. Plusieurs ont même corroboré leur assertion de ce que j'ai dit auparavant, que telle espèce affectionne telle qualité de terre, et telle position. Mais d'abord nous avons considéré l'affinité du cépage pour le terrain exclusivement sous le rapport du produit. Il est de notoriété que les espèces vigoureuses, comme les ugnis blancs et noirs, le tibouren, le pecoui-touar, le pascal, le colombaud, etc., prospèrent dans tous les terrains avec les conditions de développement que leur imposent la fertilité, ou la stérilité, l'humidité ou la sécheresse du sol, la nature divisible, perméable ou compacte du terrain. Mais si nous considérons la production vinicole, le pascal est trop précoce et pourrit avant maturité dans les lieux bas, il n'y a que les cantons extrêmement secs comme les environs de la Ciotat et de Cassis, où il arrive sans encombre jusqu'à la cuve. Le colombaud pourrit aussi facilement en plaine, l'ugni noir y poussant trop tôt est ravagé par les gelées printanières qu'il brave sur les coteaux, le pecoui-touar produit un jus trop aqueux dans les lieux bas, qui sera plus concentré et par suite meilleur sur les lieux élevés, tandis que l'ugni blanc étant très alcoolique de sa nature, produirait exclusivement, planté sur les coteaux, un vin trop fort. Le mourvède craint l'argile, et la grande humidité, plusieurs autres cépages sont dans le même cas, cela vient sans doute, de ce que leurs racines, moins robustes et plus délicates éprouvent plus d'obstacles pour traverser et labourer les terrains compactes, par la même cause elles doivent s'altérer plus facilement, et prospérer dans les terres légères, profondes et fertiles. Les engrais à base alcaline favorisent la végétation de la vigne, il est reconnu qu'elle consomme beaucoup de potasse, ses larges et nombreuses feuilles lui permettent d'aspirer la rosée de l'atmosphère, ses radicules lui permettent de profiter des gaz, du carbonne et des éléments nutritifs du sol et de la superficie; je ne veux pas dire néanmoins d'une manière absolue que telle vigne n'a pas plus d'affinité pour telle partie constituante du sol; mais dans mon opinion la différence ne saurait être si marquée, qu'elle pût sensiblement diminuer la longévité ou les produits. Il en est des végétaux comme des hommes, comme des animaux, il s'en rencontre de plus voraces; à ceux-là les terres profondes et fertiles, car il leur faut plus de nourriture, il en est de sobres, à ceux-là les terres légères et graveleuses car ils vivent facilement de peu. N'avons-nous pas au reste contre le mélange des cépages un argument irrécusable ; n'est-il pas prouvé d'une manière incontestable, que le grand mélange des variétés des raisins nuit à la qualité, car ils neutralisent mutuellement les propriétés de leurs sucs, et n'ont par suite aucun bouquet. Faut-il citer à l'appui les vins renommés du Bordelais qui ne comptent que trois espèces de raisin ; de ceux de la Bourgogne qui ne sont faits qu'avec le pineau ? De ceux de l'ermitage qui ne sont produits qu'avec la syrrah, grosse et petite. Les vins de Provence qui se conservent le mieux sans altération, les premiers Bandol ne sont faits qu'avec le mourvède.

Mais pour ceux qui persistent à multiplier les variétés des cépages sur le même terrain, ils peuvent facilement se satisfaire et faire choix parmi le tibouren, le pecoui-touar, pour les cépages noirs ; l'ugni blanc, le colombaud, le plant de Marseille, le pascal, pour les cépages blancs. Le mourvède, l'ugni noir, le brun fourca sont vivaces, mais à un moindre degré que les cépages blancs ; le grenache, le monestel, le rivesalte et la clairette blanche sont enfin d'une durée moins grande. On voit donc qu'il est encore facile, en entremêlant les espèces, de les ranger par analogie de durée.

A. PELLICOT,

Secrétaire du Comice agricole de Toulon.

DES VIGNOBLES DE MARSALLA (SICILE), DE LEUR CULTURE, DE LEURS PRODUITS ET DU COMMERCE AUQUEL ILS DONNENT LIEU.

Par M. MIÈGE, ex-consul-général, à Malte, agent des affaires étrangères à Marseille.

Messieurs,

Il y a de la témérité à venir, sans être agriculteur, parler de l'une des principales branches de l'agriculture, dans un Congrès composé d'hommes qui réunissent la pratique à la théorie ; mais j'appartiens à ce corps institué non seulement, pour protéger le commerce en pays étranger, mais encore pour coopérer à sa prospérité par l'étude des ressources locales.

Placé, pendant dix ans, dans une île située au milieu de la Méditerranée, qui sert d'entrepôt au commerce de l'Angleterre, j'ai été frappé de l'existence d'un Chaix destiné à recevoir les produits vinicoles d'une île voisine, et à leur faire subir une préparation au moyen de laquelle ils sont l'objet de transactions commerciales qui ne laissent pas d'avoir une certaine importance.

Il y avait là un fait à étudier dans l'intérêt de l'agriculture comme dans celui du commerce, et cela vous explique cette témérité qui m'a poussé à vous apporter le résultat de mes recherches.

Les produits dont je veux parler, sont les vins de Marsalla, dont la consommation, bornée d'abord au pays de production, s'est propagée de nos jours en Angleterre, dans le Nord, aux États-Unis d'Amérique et en France même où ils remplacent le vin de Madère.

Comment ces vins se sont-ils répandus dans des pays aussi lointains ?

Je vais, Messieurs, essayer de résoudre cette question.

en me conformant, autant que possible, à votre programme et en réclamant, toutefois, votre indulgence pour ce que pourrait vous laisser à désirer mon défaut de pratique et de connaissances théoriques.

La Sicile est renommée pour ses vins, et, comme en Espagne, chaque contrée produit un vin de qualité différente. Les contrées dont la production est la plus abondante, sont : Syracuse, Mascali, Scoglietto, Melazzo, le Faro et Marsalla. Nous n'avons pas à nous occuper des cinq premières; seulement, nous ferons remarquer, en passant, que les systèmes de culture et de fabrication y sont absolument les mêmes que ceux suivis dans la sixième qui fait l'objet de ce mémoire.

Marsalla, bâtie sur les ruines de l'ancienne Lilibée, se trouve située dans la partie ouest de la Sicile, près de la mer et à l'entrée de la vallée de Mazzara. Sa population est de 15 à 20 mille habitants, et son territoire présente de légères ondulations et des coteaux de divers aspects, qui sont tous plantés de vignes.

On peut ranger sous trois catégories générales les diverses espèces que renferme le district vinicole de Marsalla :

1° Les terres rougeâtres mêlées de gravier dont la production est comparativement moindre; mais qui donnent un vin agréable à l'odorat, au goût, et ne se vicient presque jamais;

2° Les terres poreuses et grasses qui donnent un vin plus fort et plus abondant; mais moins agréable au goût, et se viciant assez fréquemment;

3° Les terres moins végétales qui contiennent du sable dans une proportion considérable, et dans lesquelles néanmoins, on fait des plantations.

On peut évaluer à 10,000 hectares l'étendue des terres plantées en vigne.

Les plantations se font dans les mois de décembre, janvier et février, et on y procède de la manière la plus simple :

Lorsqu'on veut transformer un terrain en vignobles, on fait d'abord défricher, et on y pratique des fosses de 1 mètre de largeur et 80 centimètres de profondeur, dans lesquelles on enterre l'engrais. L'année suivante, on fait avec un pieu des trous de la profondeur de 1 mètre et on y plante les boutures, en laissant entr'elles un espace de 1 mètre 5 centimètres et deux ans après la plantation, on renouvelle l'engrais. Les boutures ne commencent à produire que dans la quatrième année de leur plantation.

Marsalla produit des vins blancs et des vins rouges. Les premiers sont de six espèces désignées dans le pays sous les noms de *Catharatta*, *Insolia*, *Damascena*, *Vernachia*, *Zebibbo* et *Moscadella*; les seconds se divisent en trois espèces appelées *Pignatella*, *Greganica* et *Vernacia*. Toutes ces espèces se trouvent mêlées en diverses proportions dans les vignobles de Marsalla ; mais celles appelées *Catharatta* et *Pignatella* y dominent. La première donne un vin plus abondant et plus fort ; celui de la seconde a moins d'odeur. Du reste, le choix des cépages n'exerce qu'une médiocre influence sur la production et la qualité des vins; car la force et la légéreté dépendent entièrement du terrain plus ou moins calcaire et argileux, et ce sont les éventualités célestes ou terrestres qui occasionnent l'abondance ou la disette.

Je viens, Messieurs, de vous exposer le mode de plantation usité à Marsalla. J'ai maintenant à vous entretenir du mode de culture adopté.

Aussitôt après la vendange, on procède à la taille, qui se fait en coupant le tiers du cep.

Hors le cas où l'on prépare un terrain pour le réduire en vignobles, il est très rare que l'on fasse usage d'engrais. Cependant on l'emploie dans les terrains humides auxquels on le donne tous les cinq ou six ans, dans le mois de novembre. Celui dont on fait usage se compose de matières végétales à moitié pourries, telles que l'herbe du lupin, et de fumier d'étable très léger. La quantité mise dans chaque fosse peut être évaluée à 34 décimètres cubes.

En octobre, la terre qui entoure la plante, est bêchée jusqu'à la profondeur de 25 centimètres.

En janvier, on dépouille le cep de tout ce qui doit absolument en être élagué, et on ne lui laisse, suivant sa force, que deux ou quatre branches auxquelles on donne le nom de *spalle* (épaules). En février, on coupe une ou trois de ces branches de manière à ne laisser que des bourgeons appelés *occhi* (yeux), et la branche restante appelée *archetto* (arche) est retournée dans sa longueur et entrelacée au cep. Moins on laisse d'archets, plus le raisin est gros et le vin fort.

Les agriculteurs siciliens appellent la première de ces opérations, qui se fait en janvier, *aggiustatura* (ajustement), et la seconde, qui se fait en février, *attropellatura* (attroupement); mais elles ne sont point abandonnées aux soins exclusifs du paysan, et en voici la raison : en Sicile, le métayer est tenu de faire tous les travaux de la vigne, et, pour prix de son travail, il partage le produit avec le propriétaire ; or, ce dernier est toujours dominé par la crainte que son métayer laisse subsister un trop grand nombre de branches ou leur donne trop de longueur dans la vue de substituer l'abondance de la récolte à la force du vin. De là, l'usage de faire opérer l'*aggiustatura* et l'*attropellatura* sous la surveillance d'un homme de l'art appelé *fattore* (facteur).

Ces deux opérations terminées, la terre est labourée à la profondeur de 25 centimètres, et binée en février, mars et avril. Le sol est ensuite égalisé avec la bêche.

Il est très rare que l'on effeuille la vigne. Cela ne se fait que dans les terres froides et humides et lorsque le fruit demande l'action directe des rayons solaires.

De la culture je passe maintenant, Messieurs, à la fabrication.

Pour les vins de qualités supérieures la récolte se fait à

deux et quelquefois à trois reprises séparées par un intervalle de plusieurs jours. Les grappes détachées de la plante, à l'aide de conteaux ou de ciseaux, sont recueillies dans des paniers d'osier et transportées dans un large récipient en maçonnerie et de peu de profondeur, appelé *palimento*. Elles y sont écrasées ou foulées et le résidu est immédiatement livré à l'action d'une presse à vis.

L'égrappage n'est point usité. Cependant M. James Gill, gérant de la fabrique de M. Corlet, a inventé une machine (1) qui, mise en mouvement au moyen d'une manivelle, sépare complètement les grappes des raisins, les presse, les déchire, sans porter atteinte aux grains. Par cette machine, employée depuis sept ans dans cette fabrique, on obtient en force et en arôme, une amélioration qui est sensible, si l'on compare le vin obtenu par ce procédé avec celui

(1) Cette machine est composée d'une trémie et d'un système de roues cylindriques et de grilles.

Au moyen d'une manivelle, on imprime aux roues et aux grilles un mouvement qui fait passer les grappes, de la trémie dans l'intérieur de la machine où elles sont séparées du raisin.

Cette séparation s'opère de manière que les grappes sont jetées en dehors, tandis que les raisins, foulés par l'action d'un tambour cannelé, sans écraser les pépins, tombent, d'un autre côté, dans un récipient qui soutient la machine.

Le parenchyme est détaché de la peau et écrasé de manière qu'en vidant les vases qui contiennent les différents sucs de raisins, les divers principes dont il se compose, sont confondus et mêlés avec le jus, qui se trouve aussitôt dans la plus parfaite fermentation.

Le mouvement circulaire de la manivelle est égalisé au moyen d'un volant, et la machine, accompagnée d'une presse convenable peut produire plus de quinze barriques de jus par jour.

Une expérience de plusieurs années a démontré que, par l'emploi de cette machine, on obtenait une amélioration dans la qualité du vin.

extrait de la même qualité de raisins par le procédé commun.

On était dans l'usage de répandre sur le raisin , au moment du foulage , une certaine quantité de plâtre ; mais on commence à se dispenser de ce mélange sans qu'il en résulte aucune conséquence fâcheuse.

Le vin obtenu par le foulage et la presse est déposé immédiatement dans de barriques , dont la bonde reste ouverte pendant 15 jours, et, à la fin de novembre, on le transvase dans d'autres barriques placées dans un magasin exposé à la ventilation.

Pour le conserver, on n'emploie point d'autre moyen que de le soutirer une ou deux fois par an ; mais ce moyen ne suffit pas toujours pour le préserver de deux maladies auxquelles il est sujet, et qui sont occasionées , soit par l'imparfaite maturité du fruit, soit par la froidure et l'humidité du temps à l'époque de la vendange , l'une est l'acidité , et l'autre la *mélicerie*. Dans cette dernière maladie , le fluide présente un corps surnaturel , coulant avec la même difficulté que le miel ; il perd l'odeur , et sa saveur devient dégoûtante. Toutes deux sont sans remède , et lorsqu'on s'aperçoit d'un principe d'altération , la distillation est le seul moyen que l'on emploie pour éviter une perte totale.

Nous avons parcouru successivement la plantation , la culture et la fabrication. Maintenant , Messieurs , j'ai à vous entretenir de la production et du commerce auquel elle donne lieu.

J'ai dit que l'étendue des terres plantées en vignobles était de 10,000 hectares. Chaque hectare contient un millier de plantes qui , terme moyen , produisent annuellement 1272 litres. La production des 10,000 hectares est donc de 12,720,000 litres qui forment 30,000 pipes de 424 litres chaque.

Le prix moyen de la pipe est de 60 fr. ; ce qui pour

les 30,000 donne une valeur de . . . . . .   1,800,000 fr.

On évalue les frais de culture et
de fabrication à 84 fr. par hectare, ce
qui, pour les 10,000 hectares, porte la
dépense à . . . .   840,000 fr.

Il reste donc un excédant de valeur de   960,000 fr.

Le métayage est le mode usité pour l'exploitation des
terres, mais dans quelle proportion se fait le partage ?
C'est ce qu'il nous a été impossible de savoir : nous avons
tout lieu de croire que la part du propriétaire est réglée
à raison du capital qu'il a employé à l'achat et à la plantation du terrain, et des impositions dont il est grevé.

Quoiqu'il en soit des 30,000 pipes qui forment la production totale du territoire, 15,000 se consomment dans le pays
et 15,000 sont achetées et exportées par les Anglais ; savoir :

> 2,000, en Italie ;
>
> 4,000, dans la mer Noire et la Baltique ;
>
> 1,000, en France, en Belgique et dans le Nord ;
>
> 3,000, à Malte, dont partie va en Angleterre ;
>
> 5,000 directement en Angleterre ;
>
> 3,000 aux États-Unis d'Amérique.

Total. 15,000 pipes.

L'exportation pour les États-Unis d'Amérique tend à diminuer, par suite de l'établissement des sociétés de tempé-
rance et de l'augmentation des droits d'entrée. Pour les
autres pays elle est à peu près stationnaire.

Pour ce commerce dont les Anglais se sont exclusivement
emparé et pour l'exploitation duquel ils ont formé des établissements sur les lieux, ils font subir au vin une préparation
dont ils font un mystère. Cependant, avec le temps, on
est parvenu à le pénétrer, peut-être imparfaitement, mais
enfin voici ce que l'on a pu savoir :

Ils font leurs achats dans le mois de novembre, et,

avant de mettre en barrique le vin acheté, ils mettent dans chaque barrique, 4 litres et 276 millilitres d'esprit rectifié ; quelques jours après, ils le clarifient avec 534 millilitres de sang ; ils le transvasent ensuite dans une autre barrique où ils mettent la même quantité d'esprit ; ils le clarifient avec 52 grammes de colle de poisson ; ils le soutirent tous les quatre mois pendant les deux premières années, en mettant toujours dans la barrique la même quantité d'esprit ; enfin, avant l'embarquement chaque barrique est clarifiée avec un œuf.

Le prix moyen d'une pipe de vin ainsi préparée, est de 260 fr. Ce qui pour les 15,000 pipes qu'ils exportent, leur donne une valeur de. . . . . 3,900,000 fr.

L'achat des 15,000 pipes, à 60 fr. 'une, leur a coûté 900,000 fr.

On évalue les frais de préparation à 30 fr. par pipe, ce qui produit pour les 15,000 pipes 450,000 fr. } 1,350,000

Ils recueillent donc dans ce commerce un bénéfice annuel de. . . . . } 2,550,000 fr.

dont il faut déduire, cependant, l'intérêt des capitaux employés soit à l'achat et à la préparation des vins, soit à la formation et à l'entretien des établissements ; mais quel que soit la réduction, il n'en reste pas moins démontré que les Anglais ont su se créer, à Marsalla, au détriment des indigènes, un commerce d'autant plus lucratif, que le gouvernement sicilien ne perçoit aucun droit à la sortie des vins.

En terminant cet exposé, permettez-moi, Messieurs, de vous remercier de l'attention que vous avez bien voulu donner à sa lecture, et d'espérer que les notions qu'il renferme ne seront pas entièrement perdues.

Marseille, le 20 août 1844.

MIEGE.

— 135 —

Marseille, le 24 décembre 1844.

Monsieur BONNET, *Secrétaire-général de la 3me session du*
Congrès de Vignerons.

Dans l'une des séances du Congrès Vinicole, tenu en
cette ville au mois d'août dernier, il fut donné lecture
d'une lettre, par laquelle M. le Comte ODART témoignait
le désir d'obtenir des informations :

1° Sur les vignobles des îles de Lipari, qui produisent
le vin de Malvoisie.

2° Sur ceux de Mascali en Sicile ;

3° Sur ceux de Gierone en Campanie ;

4° Sur le Sclavo qui se cultivait au 13° siècle dans le
Bolonais, le Mantouan et la Marche.

Cette lettre me fut renvoyée et je fus chargé de prendre
les informations demandées avec prière de vous transmettre celles que j'aurais pu recueillir.

Je n'ai point négligé, Monsieur, cette commission, et,
grâce à l'empressement, soit de mon collègue, M. AXEL
RENARD, consul de France en Sicile, soit de mon ami,
M. le chevalier PORTELLI, à Malte, qui a des propriétés
en Sicile, j'ai obtenu sur les vignobles des îles de Lipari
et de Mascali, des renseignements assez étendus qui ont
été consignés sur les deux notes ci-jointes, et qui, peut-
être, vous paraîtront offrir quelque intérêt.

Pour ce qui est des vignobles de *Gierone*, j'ai vainement
fait appel à l'obligeance de mes amis, attachés aux ambassades
de France à Rome et à Naples, qui ont, non seulement
interrogé les propriétaires et les agriculteurs les plus renommés, mais encore fait écrire sur les lieux ; il est résulté de
toutes leurs investigations que la localité de *Gierone* n'est
pas même connue ; que les vignobles de la terre de labour
ne donnent qu'un petit vin qui n'est bon qu'à brûler, et

que ce n'est qu'à *Madalone* où l'on fait un assez bon vin blanc, ni doux, ni sec, qui est connu sous le nom de *vino Greco di Madalone*.

Quant au Sclavo, je n'ai pu obtenir, jusqu'ici, aucune réponse de Bologne et de Milan, où je me suis adressé. Si plus tard, il me parvient quelques informations, je vous les transmettrai. Si, comme on me l'a assuré, il a été lu, dans le dernier Congrès scientifique tenu à Milan, un mémoire, et s'il s'est élevé une discussion sur ce cépage dont parle Petrus de Crescentiis dans son *opus ruralium commodorum*, M. le comte Odart, en consultant les actes de ce Congrès, pourra peut-être y trouver les renseignements qu'il désire.

Agréez, l'assurance de la considération très distinguée avec laquelle j'ai l'honneur d'être,

Monsieur,

Votre très humble serviteur,
Miége.

Note sur les vignobles des iles Lipari, produisant le vin dit de Malvoisie.

Les vignes qui produisent le vin muscat dit de Malvoisie, se cultivent dans l'île de Lipari et dans celles adjacentes, de la Salina et de Stromboli.

Les terrains où elles croissent sont volcaniques et argileux; il y a même dans l'île de Lipari une contrée, appelée *Montepilato*, dont le terrain, blanc comme la pierre ponce, produit le meilleur vin, de la couleur du tournesol, mais de peu de durée; après deux ans, il commence à changer de couleur, se fait d'un blanc lourd et prend le goût de goudron.

Ces terrains produisent indépendamment du muscat dit Malvoisie, des vins blancs, rouges et noirs; mais pour le Malvoisie, on choisit de préférence le terrain qui, léger, noir, plutôt humide, est exposé à l'orient en plan incliné vers la mer.

On ne connaît point l'art de préparer la terre, la plantation, la culture et la fabrication sont tout-à-fait primitives. Le vin serait meilleur si les procédés maintenant connus en Europe étaient employés.

On ne peut pas indiquer la quantité de terrain consacré au Malvoisie, parce que cette plantation est mêlée non seulement avec celle des vins blancs, rouges et noirs, mais encore avec celle de la *Passeline* qui se cultive dans les trois îles, et dont on fait quelquefois un vin de couleur noire, de bonne qualité et de longue durée.

La dénomination des cépages employés est celle de *Mandellettina*, qui se distinguent par la couleur pour faire les vins blancs, rouges et noirs. On appelle *Mandellettina*, *Moscatilla* ou *Malvasia*, celui qui produit le vin de Malvoisie. Ses caractères distinctifs sont d'avoir les branches d'une couleur plus vive et les feuilles plus petites et plus découpées, et de produire un raisin blanc de couleur pelure d'ognon, et fort doux.

La plantation du *Malvoisie* se fait comme celle des autres vignes par boutures enracinées à 7 palmes, soit mètres 1,806 environ de distance. Dans un espace de terrain de 30 palmes carrées, soit mètres 7,740, on plante 25 boutures à la distance de 7 palmes, soit 1,806 environ, l'une de l'autre. Voici comment se fait cette opération : dans un défoncement de 7 palmes, soit 1,806 de longueur, 4 palmes, soit mètres 1,032 de largeur et 6 palmes, soit mètres 1,548 de profondeur ; on pratique, avec un pieu, un trou de 1 palme, soit mètres 0,258 de profondeur, on y place la bouture, et on la recouvre avec un peu de terre. On dispose ensuite au dessus des boutures de petites treilles de 20 palmes carrées, soit mètres 5,160, faites avec des échalas liés avec du saule et élevées de 5 palmes, soit mètres 1,290 environ au dessus du sol.

Le raisin venu à mâturité se coupe et s'expose immédiatement au soleil, puis à l'ombre pendant plusieurs jours, et ensuite on en extrait le jus comme de tout autre raisin.

La quantité de la production des diverses espèces de vin est de 7,000 palmes, soit litres 700,000, dont 1,500 salmes, soit litres 450,000 de Malvoisie et de 11,000 Cantari, soit kilogrammes 870,485 de passoline.

En comparant la production du Malvoisie à celle des autres qualités de vin et de la passoline, on est étonné de son infériorité ; mais elle s'explique malgré sa réputation, le vin de Malvoisie est inférieur au vin muscat de Syracuse, et les propriétaires en ont abandonné la culture, parce qu'il ne se vend pas et parce qu'ils trouvent plus de bénéfice à faire de la passoline.

Dans l'année 1844, les différents vins des îles de Lipari se sont vendus ainsi qu'il suit :

Malvoisie	—	1 once 6 tharis soit 15 fr. 60	Le baril de 60
blancs	1re qual. « « 30 « soit 12 90	quartucci, soit
rouges	2me qual. « « 24 « soit 10 32	litres 18,720.
noirs		

Ce qui fait revenir le litre :

du Malvoisie, à 0 fr. 83

du blanc
du rouge   1re qual. à 0   69
du noir   2me qual. à 0   55

La passoline s'est vendue à 2 onces 10 tharis, soit 30 fr. 34 cent. le cantaro, soit kilogrammes 79,135, ce qui fait revenir le kilogramme à 38 centimes.

Note sur les Vignobles de Mascali en Sicile.

Les vins que l'on désigne sous le nom de Mascali sont appelés en Sicile vins de *Riposto*, parce que ce sont les coteaux de Riposto, petite ville située à quelques milles de Mascali, qui produisent ce vin considéré, du reste, en Sicile, comme étant de seconde qualité.

Ces coteaux comprennent, dans la partie de l'est, tout le territoire du rivage de la mer depuis Riposto jusqu'au pied de l'Etna, sur une largeur de 7 milles, et, dans la partie de l'ouest, ils sont limitrophes au fief de *Cerrita*.

Le terrain est argileux sur les côtes, volcanique dans la partie supérieure, et, dans différentes localités, il se compose de laves très anciennes et presque toutes fracassées. On n'emploie point d'autres terres. On connaît cependant l'avantage de leur mélange et de l'engrais. Mais on n'en fait pas usage. La contrée la plus fertile est celle des côtes, qui produit le meilleur vin.

Les cépages employés sont le *cataratto*, le *caricante*, et le *moscatillo* qui, tous trois, produisent des vins blancs et doux, et le *pistamatta*, plus particulièrement connu dans le pays sous la dénomination de *nireddic*, parce qu'il produit un raisin noir qui donne un vin moins doux ; mais plus spiritueux, noirâtre et prenant la couleur entièrement noire à force de faire bouillir le jus de raisin pendant quinze jours de suite.

La culture est partout la même, bien que la situation soit différente. Voici comment on y procède :

Dans l'année, on fait subir au terrain quatre labours.

Le premier se fait en novembre ou décembre, à la volonté des propriétaires, dans toutes les vignes à l'exception de celles situées dans la *Cerrita* auxquelles il serait nuisible parce que les froids de janvier, février et mars feraient sécher les barbes qui se trouveraient presque découvertes. Le premier labour pour ces vignes de la *Cerrita* ne se fait donc qu'en mars lorsque les froids ne sont plus aussi intenses. Ce labour, appelé vulgairement *conca*, consiste à réduire la terre autour du cep comme un chaudron pour éventer la vigne et recueillir les eaux.

Le deuxième, appelé dans le pays *zapponello* se fait quand la vigne commence à pousser. Il consiste à défoncer et disposer en tas tout le terrain afin de faciliter la pousse. Sur les rivages de la mer, il se fait dans le mois de mars, parce que le soleil, réchauffant la terre défoncée, agit sur la plante qui est déjà en végétation ; mais dans les hauteurs, il ne se fait que vers la fin d'avril ou au commencement de mai, parce que le climat ne permet pas aux vignes d'y végéter avant cette époque.

Le troisième, qui s'appelle *riterza*, se fait vers le milieu du mois de mai ; il a pour objet de rafraichir la vigne et il consiste à défaire les tas de terre en les portant d'un lieu à un autre, en la réduisant à un plus petit volume, et en ne laissant qu'une portion suffisante pour couvrir les racines de la vigne.

Le quatrième, qui s'appelle *rifonderi*, se fait quand le raisin est déjà grené. Il consiste à attérer les tas de terre déjà réduits par la *riterza*, en tirant en dessus la terre qui, dans cette saison, est légère, afin de vaincre sa tendance à prendre le bas par la force des eaux, ce qui priverait la vigne de l'aliment dont elle a besoin, lui ferait perdre de sa propre vigueur, et laisserait ses barbes découvertes et exposées au soleil.

On vient d'indiquer les diverses préparations du terrain ; mais la vigne elle-même est soumise à différentes opérations que l'on va faire connaitre.

Après le premier labour, on provigne, c'est-à-dire que là, où il manque de ceps, on plante des boutures à 4 palmes 1/2, soit mètres 1,161 de distance les unes des autres

La taille se fait en novembre et décembre, selon les lunes et la volonté des propriétaires. Celle faite en novembre est réputée la plus avantageuse par les agriculteurs. On y procède aussi en janvier et février suivant le caprice des propriétaires et la vétusté de la vigne. Il est d'usage de tailler les vieilles vignes prématurément, parce qu'étant sans rameaux, elles se renforcent. Dans les hauteurs, la taille se fait dans les premiers jours de mars, pour que la vigne qui pousse à peine en mai, époque à laquelle surviennent les froids, n'en éprouve aucun dommage. Cette opération de la taille n'est point faite par les paysans ; elle est confiée à des hommes de l'art expérimentés.

Dans le mois de février, après le second labour, on donne des soutiens aux vignes et particulièrement aux plus jeunes qui en ont besoin.

Dans le mois de mai, après le troisième labour, on procède à l'ébourgeonnement, appelé dans le pays *spulègra*. Cette opération, qui est confiée également à des experts, consiste à retrancher des vignes les branches qui n'ont pas de raisins. On en excepte cependant celles qui, malgré leur stérilité, doivent être conservées pour être élaguées l'année suivante. On lie ensuite les branches conservées aux échalas qui forment leurs soutiens, afin que le fruit ne traîne pas par terre.

Enfin, lors du quatrième labour, on met le plus grand soin à couper et extirper toutes les herbes sauvages que le sol produit.

Huit jours avant le temps fixé pour la vendange, on expose le raisin à l'action du soleil, en dépouillant la vigne des feuilles qui peuvent l'intercepter.

Lors de la fabrication, on ajoute un tumolo, soit kilog. 40 de plâtre sur 100 salmes, soit litres 40,000 de vin.

On a vu précédemment que le territoire de Mascali produisait des vins blancs et des vins noirs, les premiers se consomment dans le pays , et les derniers entrent dans le commerce. Ceux-ci sont de quatre qualités :

La première est un vin noir, doux, dont il se fait des expéditions à l'étranger.

La deuxième est , pour la couleur et la saveur, d'un degré au dessous de la première , et s'expédie également à l'étranger.

La troisième est celle que l'on appelle vulgairement *venturière* , qui s'expédie à l'étranger en la mêlant avec la première et la deuxième, ou qui se distille suivant les demandes ou les prix de la place :

La quatrième qui a une saveur âcre et dont la couleur est rouge clair, sert uniquement pour l'alambic.

Il n'y a pas de vins muscats , à l'exception de ceux appelés *pista* et *imbotta* qui , selon les contrées où ils se font, prennent plus ou moins la couleur du muscat ; mais sur mer, ces vins se gâtent et les propriétaires , ne pouvant pas les exporter, s'abstiennent d'en faire.

Sur les côtes, qui produisent le meilleur vin , on peut évaluer la production à 10 salmes , soit litres 1,000 de vin par chaque 1,000 pieds de vigne ; dans les autres sites , les vins sont bons et peuvent appartenir à la première qualité ; mais les 1,000 pieds ne donnent que 5 ou 6 salmes, soit litres 500 ou 600 ; dans les hauteurs , ils donnent jusqu'à 7 et quelquefois 8 salmes , soit litres 700 ou 800.

Dans les années où il n'y a pas abondance de pluie , le vin de Mascali se vend sur les lieux ;

Savoir :

La 1re qual.	18 tharis, soit	7 fr.	74		La charge de 80 quartucci, soit litres 24,960.
la 2e «	15 «	6	45		
la 3e «	12 «	5	46		
la 4e «	10 «	4	30		

Ce qui fait revenir le litre :

de la 1re qual. à 31 centimes.
de la 2e « à 26
de la 3e « à 20
de la 4e « à 17

Ces prix augmentent ou baissent selon le plus ou moins de demandes.

MIEGE.

Cassis, le 20 août 1844.

Monsieur J. BONNET, *Secrétaire-général du Congrès de vignerons à Marseille.*

Le maire de notre commune ayant donné la publicité requise par son importance, à la lettre que vous lui avez adressée sous la date du 16 du courant, quelques propriétaires se sont réunis pour donner au Congrès le peu de renseignements que la briéveté du temps qui leur reste leur permet de rassembler.

A ces notes écrites, ces Messieurs ont joint quelques échantillons de différents âges, des deux qualités de vin particulier que fournit notre terroir.

Ils adressent donc au Congrès des échantillons du vin blanc sec de Cassis pour le mettre à même d'en faire la comparaison avec les vins blancs étrangers à notre cru, que la cupidité ne craint point de présenter comme recueillis dans notre commune, manœuvre coupable qui nous nuit au point d'avoir contribué à faire descendre les prix assez bas pour nous obliger à en abandonner bientôt la confection. Notre manière de procéder est coûteuse, elle demande des soins que ne prennent pas nos concurrents ; notre cru est sec et appauvri par une longue culture, il produit peu. Le contraire arrive chez ceux qui veulent imiter notre produit, ils peuvent donc donner à meilleur marché. Ce serait aux amateurs à faire justice de cette fraude ; mais il paraît que le nombre en est petit, et que les emphytrions de restaurants tiennent moins à la qualité qu'au prix.

Notre manière de procéder à la confection de nos vins blancs est trop simple pour entrer ici dans aucun détail. Les qualités de raisins, employées le plus généralement, sont celles appelées vulgairement ugni blanc et pascaon blanc.

Il ne sera pas inutile de faire remarquer que nos vins blancs ne sont point clarifiés pour la plupart. La modicité des prix ne nous permet point ce surcroît de dépense, qui contribuerait assurément à les préserver des chances du transport dans certaines circonstances fâcheuses qui, heureusement, sont rares. La prudence veut que les bouteilles bien propres, bien sèches intérieurement, fermées avec des bouchons neufs, soient ensuite couchées ; avec ces précautions, le vin vieillit indéfiniment, il change alors de couleur et prend une teinte jaune-paille.

Le vin muscat rouge de Cassis n'a pas de concurrent en France. Les dictionnaires de géographie nous apprennent qu'il se recueille à La Ciotat. Cela était vrai autrefois (1) ; mais aujourd'hui ses habitants en ont abandonné la culture à cause des frais de confection et des rares années où le degré de maturité et la température du mois d'octobre permettent de l'obtenir de bonne qualité. Peu de propriétaires dans notre commune en ont conservé la tradition, et en font une petite quantité pour leur usage particulier et comme un objet de cadeau pour leurs amis. Ceux qui en faisaient un sujet de produit seront bientôt forcés d'y renoncer,

(2) Pierre du Lac, abbé de Saint-Victor, introduisit la culture du muscat au quartier de Ceyreste, dépendant alors de La Ciotat. Il tenait les premiers plants de ce raisin délicieux du roi Réné, qui sans doute les avait apportés de Naples et de Sicile.

(MASSE, *Mémoire sur le canton de La Ciotat.*)

n'en trouvant pas un débit profitable , et pourtant la grande
ressemblance qu'a ce vin, lorsqu'il a quelque peu vieilli,
avec le vin de Constance , devrait engager nos gouvernants à
en encourager la culture. Cette ressemblance est très pro-
noncée. Le Congrès peut en faire l'expérience. L'auteur de
cette note , pendant le cours de sa carrière d'officier de vaisseau , a souvent été dans le cas de faire cette comparaison ,
et il peut ajouter qu'il a vu servir , sur la table d'un amiral ,
du vin muscat de Cassis (qu'il lui était impossible de ne point
reconnaître) sous le nom de vin de Constance.

On est entré dans ces détails, pour faire comprendre que la
ressemblance du vin muscat rouge de Cassis avec le vin de
Constance , étant mieux connue , serait certainement appréciée et pourrait faire à ce dernier une concurrence favorable,
aux amateurs , autant qu'aux producteurs de ce vin délicieux , si distingué par sa douceur et son parfum. Il tient
ses qualités précieuses de la délicatesse et de l'heureux mélange , dans des proportions données , des deux seules qualités de raisin employées dans sa confection (le raisin muscat et le raisin noir, vulgairement nommé mourvède). La
manière de le faire est aussi simple et naturelle que les éléments qui entrent dans sa composition. On expose au soleil, jusques à une parfaite dessiccation, les raisins sus-in-
diqués , on les égrappe , on les foule , et ensuite on laisse
cuver le moût plus ou moins , selon les indications de
l'athmosphère. Ici nul procédé chimique , point d'ingrédiens
étrangers à la vinification. Aussi, le vin muscat rouge de
Cassis est-il aussi généreux , aussi salutaire qu'il est agréable
au goût.

Le vin muscat n'a pas besoin d'être couché ; il suffit qu'il
soit bien bouché. On est dans l'usage de le servir dans
des flacons d'un demi-litre , lorsque l'on présume que la
bouteille ne sera point consommée pendant le repas. En
vieillissant , ce vin se dépouille de sa partie colorante et
devient jaune de rouge qu'il était.

11

On ne parlera point du vin rouge ordinaire que fournit le terroir de Cassis. Les propriétaires aisés en confectionnent pour leur usage particulier qui ne le cède point aux meilleurs vins de Sainte-Marguerite et Séon-Saint-Henri, dans la banlieue de Marseille. Mais l'impossibilité du débit à un prix convenable empêche les propriétaires d'en produire pour la vente.

Le terrain de Cassis, sec, maigre et pierreux par ses qualités particulières et sa bonne exposition, produit des raisins qui donnent des vins exquis en *muscat rouge* et *vin blanc sec*, si justement renommés, que l'on ne saurait en tirer de pareils dans aucun autre terroir. Dans l'intervalle de la session future du Congrès de vignerons, on s'occupera de la rédaction d'un petit mémoire traitant quelques-uns des articles compris dans les bases des travaux du Congrès.

Je suis, avec une parfaite considération,

Monsieur,

Votre très-humble serviteur,

X. D'AUTHIER.

Capitaine de frégate honoraire, propriétaire de vignobles.

ENQUÊTE SUR LA GREFFE DE LA VIGNE FAITE PAR LES SOINS DE LA SOCIÉTÉ INDUSTRIELLE D'ANGERS.

Le Comité d'œnologie réuni au local des séances de la société, le samedi 6 juillet, à 7 heures du soir, sous la présidence de M. GUILLORY aîné, a procédé ainsi qu'il suit à cette enquête :

M. le Président a rendu compte des lettres qu'il avait écrites à tous les propriétaires qui avaient fait renouveler leurs vignes au moyen de la greffe souterraine, et des démarches qu'il avait faites auprès de plusieurs d'entr'eux, notamment de MM. DELAAGE, BOURGOIN et BIGOT, qui lui avaient affirmé être satisfaits des résultats par eux obtenus. Il a ensuite donné lecture d'une lettre de M. de BEAUVOYS de SEICHES, dans laquelle ce collègue entre dans des détails circonstanciés, et regarde comme constant que la greffe se soude parfaitement au vieux tronc, dont elle reçoit des sucs vivifiants, en même temps, qu'elle s'alimente par des racines produites à l'instar des boutures, circonstances qu'il considère comme extrêmement favorables.

M. LECHALAS, l'un des membres du Comité, dit que peu de propriétaires de vignes ont autant que lui fait usage de la greffe, surtout pour convertir des cépages blancs en rouges. Il a opéré cette pratique sur plus de 2 hectares de vignes, et l'expérience lui a démontré que si l'on opère sur des sujets jeunes, on est certain d'obtenir un résultat heureux ; si au contraire, on agit sur des vignes vieilles, il faut s'attendre à ce que dans l'espace de 5 à 6 ans il en périsse de la moitié aux deux tiers.

M. L. GILLARD qui, depuis 1836, a fait transformer aussi annuellement plusieurs portions de vignes au moyen de la greffe, n'est pas aussi explicite dans son appréciation que M. LECHALAS ; jusqu'à ce jour, chez lui, la perte des ceps greffés a été beaucoup moindre et il ne l'évalue pas au tiers.

M. VIBERT prenant ensuite la parole, indépendamment des expériences qui lui sont personnelles dans les divers modes employés par cet horticulteur habile, pour greffer les vignes de collection, déclare qu'il a toujours remarqué dans les champs de vignes greffés, et surtout dans ceux de M. DELAAGE, des lacunes considérables provenant de la perte des vieux ceps.

M. A. LESOURD-DELISLE soumet quelques réflexions sur l'objet en délibération.

Une discussion approfondie ayant épuisé la question sous ses divers points de vue, le Comité se réunit à cet avis : qu'il n'y avait aucun avantage à renouveler une vieille vigne au moyen de la greffe souterraine, et qu'il était bien préférable de la faire replanter à neuf , après avoir fait préparer convenablement le sol ; que d'un autre côté , cette pratique était d'un mérite incontestable , chaque fois qu'elle serait employée pour transformer une vigne jeune et vigoureuse ; et enfin, qu'elle serait toujours d'une très grande utilité pour améliorer les mauvais cépages qui sont disséminés dans les vignobles.

Après quoi la séance du Comité a été levée à 9 heures 1/2 du soir.

Résultat de l'enquête sur la greffe faite par M. SÉBILLE AUGER , *Président du Comice Agricole de Saumur*.

La greffe doit être faite avec beaucoup de soin sur la souche, rabattue un peu au-dessous du niveau de la terre , pour que la greffe soit entérée. Malgré cette précaution elle ne réussit pas toujours; les greffeurs garantissent la première pousse. Quelquefois la greffe se décolle ; d'autres fois , elle périt par une cause quelconque , et du bourrelet qui se forme à la tête du cep il part souvent des rejettons que l'on prend quelquefois pour la greffe , quoique ce ne soit que des pousses du sujet. Le bourrelet qui se forme occasione souvent , au bout d'un temps plus ou moins long , même dans le cas de réussite de la greffe , la formation d'une gomme qui amène la pourriture du cep et, par suite, la perte de la greffe après complète reprise. Plusieurs propriétaires , qui ont fait greffer dans les premières années de l'introduction de cette pratique , assurent qu'aujourd'hui peu de greffes subsistent dans leurs vignes. Cette méthode est aujourd'hui presque généralement abandonnée dans l'arrondissement de Saumur.

Pour extrait conforme :
Angers , le 31 juillet 1844 ,
GUILLORY aîné.

DE LA GREFFE ANGLAISE APPLIQUÉE A LA VIGNE.

Par M. ANDRÉ LEROY, *pépiniériste, à Angers (Maine-et-Loire), correspondant de la Société royale et centrale d'agriculture de Paris.*

La greffe en fente, telle qu'on la pratique ordinairement en terre sur la vigne, est d'une reprise assez facile et assez certaine ; mais elle est loin de donner tous les résultats désirables. Comprise presqu'en entier dans l'entaille du sujet, elle ne peut émettre à son collet qu'une petite quantité de racines, et ne forme ainsi qu'une bouture incomplète.

De là, sans doute, les plaintes qui se sont élevées, depuis un certain temps, contre le peu de durée des cépages, ainsi propagés dans les vignobles du Saumurois.

La greffe anglaise, pratiquée à 10 ou 15 centimètres au-dessous du niveau du sol, ne peut présenter le même inconvénient. Son exécution est facile et beaucoup plus prompte que celle de la greffe en fente, ainsi que le démontre la pratique journalière de nos pépiniéristes.

Elle reprend à peu près sans exception ; le talon réservé à sa base devient l'origine d'une multitude de racines qui se développent promptement et qui, dès la première année, affranchissent la greffe.

S'il arrive plus tard que le sujet périsse comme cela a trop souvent lieu dans la greffe en fente, la réussite de l'opération n'est pas pour cela compromise ; dans le cas contraire, la greffe pompe à la fois sa nourriture par l'intermédiaire du sujet et par ses propres racines. Sa vigueur et ses produits se trouvent ainsi doublement assurés.

On peut exécuter cette greffe avec du bois d'un an, mais le bois de deux ans est infiniment préférable parce qu'il présente une plus grande solidité.

Je ne décris pas l'opération parce qu'elle est infiniment plus facile à saisir à la vue d'un modèle ou d'un dessin.

Telle simple que soit la note que je prends la liberté d'adresser au Congrès, je crois devoir la recommander à son attention parce qu'elle se lie entièrement au succès de la greffe de la vigne, et qu'elle peut dès lors exercer une influence marquée sur les conséquences économiques de cette pratique, lorsqu'on veut l'appliquer à la grande culture.

André Leroy,
Pépiniériste à Angers (Maine-et-Loire)

Correspondant de la Société royale et centrale d'agriculture.
Angers, le 15 juillet 1844.

Observations sur la 2e section du programme de la 3e session du Congrès de Vignerons Français.

Par M. Sibour, Président du Comice Agricole d'Aubagne.

1° Des diverses méthodes de vendanger et de fouler les raisins, comparées entr'elles, et de l'usage des machines pour écraser les raisins.

On ne peut assigner d'autres époques à la vendange que celle à laquelle le raisin a acquis sa parfaite maturité. Ce que l'on reconnaît, lorsque les grains se détachent facilement et que le pédoncule a pris une teinte plus foncée. Cependant lorsque l'automne est pluvieuse et que la pellicule du grain commence à s'enlever lorsqu'on exerce sur celui-ci une légère pression avec les doigts, il conviendrait alors de devancer le terme de la vendange.

Cette méthode nous a toujours paru la plus rationnelle, comme étant subordonnée aux circonstances atmosphériques qui ont précédé l'époque de la vendange.

Nous faisons ici le vœu le plus solennel pour qu'on parvienne, désormais, à renoncer à l'usage aussi vicieux qu'immémorial, en Provence, du foulage avec les pieds, et nous appelons l'attention du Congrès, pour qu'il soit proposé à cet égard les moyens les plus convenables sous le double point de vue, de l'économie du temps et du foulage le plus parfait.

2° *De l'égrappage et de l'addition des plâtres et autres ingrédients dans la vendange ; avantages et inconvénients de ces procédés.*

L'égrappage ne devrait pas être pratiqué dans le cas où l'on aurait été forcé, à cause des pluies fréquentes, de devancer le terme de la vendange. Cela s'explique :

La nature a mis dans le raisin deux principes conservateurs.

Le premier est le *tannin*, qui est contenu dans la grappe du raisin et qui est plus abondant dans celle de la plupart des raisins blancs que dans celle des raisins noirs.

Le second principe conservateur est la matière sucrée, qui, par la fermentation du moût, devra se transformer, plus tard, en alcool.

Le premier de ces principes devient nécessaire à la conservation des vins, lorsque le second ne s'y trouve que dans de faibles proportions, et c'est précisément, ce qui arrive toutes les fois que le raisin n'acquiert pas une complète maturité.

Nous ferons toutefois remarquer que dans le cas précité on n'obtient pas un vin fin, mais qu'on est sûr de pouvoir le conserver sans craindre aucune altération.

Le plâtrage des raisins, au moment du foulage, est nécessaire pour la fabrication des vins que l'on fait avec des raisins récoltés dans les bas-fonds, de ceux surtout de ces bas-fonds, dont le sous-sol est toujours humide. L'addition du plâtre est encore utile, lorsque le raisin des coteaux a humé une quantité d'eau superflue, on ne doit jamais s'en servir pour la fabrication des vins fins.

Le plâtre ayant beaucoup d'affinité pour l'eau, est employé comme corps absorbant. Il ne peut que rendre meilleurs pour le transport, les vins qui contiennent une quantité surabondante d'eau de végétation. Il les clarifie, en même temps , et leur donne ce reflet rutilant qui les fait rechercher par le commerce. 500 grammes de plâtre suffisent pour une charge de raisins.

Le plâtre gris mérite la préférence , comme ayant pour l'eau une affinité plus marquée que le plâtre blanc.

L'emploi de tous autres ingrédients que le plâtre est toujours plus ou moins préjudiciable à la santé, et ne produit jamais que de bien faibles résultats.

3° *Des divers systèmes de cuves , fermentation à vase clos ou à l'air libre , durée de la fermentation , appréciation de ses diverses phases , et détermination du moment le plus favorable pour la décuvaison.*

Les meilleures cuves seraient celles en bois , mais celles en maçonnerie sont d'un usage plus commode et plus fréquent dans la Provence. Il convient qu'elles soient placées dans un lieu , où la température soit à peu près constante , quel que temps qu'il fasse d'ailleurs.

La fermentation s'opère plus convenablement et plus uniformément à vase clos qu'à l'air libre. Le chapeau de la vendange s'acétifie à l'air libre , tandis que cette acétification ne saurait avoir lieu à vase clos.

Pour les vins riches en alcool , 48 heures de cuvaison suffisent assez ordinairement , et pour ceux qui n'en renferment que de faibles proportions , il convient de les laisser fermenter jusqu'à 12 jours , ou tout au moins jusqu'à ce que le chapeau de la vendange tende à s'affaisser.

Il serait à désirer que l'usage du *gleucomètre* fût plus répandu parmi nous. Lorsque cet instrument marque 12 degrés , le moût possède alors les principales conditions voulues pour une bonne vinification.

4° *Des diverses manières de presser le marc de raisin.*

La meilleure manière de presser le marc de raisin serait celle où l'on emploirait la presse hydraulique , mais on ne

doit jamais introduire en agriculture des moyens aussi diffi-
cultueux, à cause de l'embarras où se trouverait le propriétaire, alors qu'il s'en voudrait servir.

Les meilleures pressions s'obtiendront dans les pressoirs
qui seront construits dans l'angle de l'un des murs, de celui
le plus voisin des cuves, pourvu que ce pressoir ait une
bonne vis, et dont le pas soit régulier dans toutes ses
circonvolutions.

*5° Des vases vinaires en bois ou en maçonnerie, et de leur
influence sur la qualité des vins.*

Les meilleurs vases vinaires sont les futailles en bois de
chêne; viennent ensuite celles en bois de cerisier qui, lorsqu'elles sont neuves, communiquent au vin un bouquet
fort agréable. Le châtaigner est encore l'un des meilleurs
bois à employer pour cet usage.

*6° De la conservation des vins; de leurs maladies; des causes
qui font naître des maladies, et des procédés pour rétablir les
vins altérés.*

Pour conserver les vins, il faut les soutirer, au moins
deux fois l'année et tenir constamment ouillée et bien
bouchée la pièce qui les contient. Au bout de deux ans,
il convient de les mettre en bouteilles que l'on tient couchées
et dans un endroit bien sec.

Les vins des environs de Marseille, ceux surtout qui sont
provenus des vignes situées sur nos coteaux, ont bientôt
acquis de la vétusté : leur progression croissante en qualité
va jusqu'à une quinzaine d'années. Ils vont ensuite en se
détériorant progressivement.

Les principales maladies auxquelles sont sujets les vins,
en Provence, sont la douceur fade, celle de se troubler,
de passer à l'état acidulé et la graisse. Toutes ces maladies,
en général, reconnaissent pour cause, la maturité forcée,
dans les années pluvieuses et chaudes simultanément. Une

foule d'autres circonstances qui échappent le plus souvent à la perspicacité du sommelier, qui sont assez difficiles à apprécier et qui ne sauraient être bien indiquées que par les négociants en vin qui font partie du Congrès, ce qui nous fait abstenir à cet égard.

Nous nous abstiendrons également à l'égard de la 7ᵐᵉ proposition du programme, parce qu'elle est entièrement du domaine de la manipulation, et parce qu'à ce titre elle n'est faite que pour intéresser les personnes qui exportent les vins, et qui veulent les rendre tels que la consommation peut le désirer.

SIBOUR, Président du Comice d'Aubagne.

EXPÉRIENCE SUR DES MOUTS DE RAISIN, FAITE A MANOSQUE,

le 25 septembre 1822, Par M. VIGUIER.

Me trouvant à Manosque, à l'époque des vendanges, M. RICHARD, Président du tribunal civil de l'arrondissement, me pria de me rendre à sa campagne qui réunit un vignoble assez important, situé au sud-est, sur le penchant d'un coteau, dont la partie peut être évaluée de 20 à 22 degrés d'inclinaison, et dont le sol est composé d'une terre caillouteuse, formée à peu près d'un tiers terre franche argileuse et de deux tiers gravier et sable; je parcourus ce vignoble et j'observai qu'il était complanté en général des meilleurs cépages propres au climat, dont à peu près *moitié* en plants de mourvède, 1/8 en ugnis blancs et rouges, 1/8 en petit bouteillan, et 1/4 environ composé de cépages divers, tels que le téaulier (plant de Porto), le crussen, le neyran, le sans pareil, le pascaou et quelques autres plants disséminés de loin en loin. Rentré à la campagne, il me dit que depuis qu'il existait, il avait constamment recueilli et obtenu un vin doux qui ne pouvait se conserver et qu'il était forcé de vendre, le plus tard au printemps, parce qu'en général, il passait à l'état d'acide en été, et me demanda s'il n'y aurait pas un remède à porter à la nature de sa récolte ; je lui répondis que le remède était connu, et que s'il voulait me vendre toute sa vendange, je la placerais dans ses cuves, et ensuite je reposerais le vin dans ses tonneaux et dans sa cave, *en ville*, espérant par l'expérience que j'en ferais, obtenir un vin des meilleurs qui puissent se récolter dans tout le territoire. Il consentit à cette proposition, et le 1ᵉʳ jour pour commencer la vendange, fut fixé au 25 septembre.

Le 25 septembre à 8 heures du matin, arrivèrent deux charrettes chargées de partie de la vendange, le contenu fut pesé et produisit 2000 kilog. un litre du moût de ce premier fut extrait et pesé à l'œnomètre (Chevalier) il donna. . . . . 11 degrés 1/4

Le 2ᵐᵉ voyage à 3 heures après-midi, produisit 2600 kilog., il en fut de suite aussi extrait un litre moût pesé à . . . 13

Le 26, au 1ᵉʳ voyage, à 9 heures du matin arrivent les charrettes, dont la vendange pesée donna 2500 kilog., un litre de moût en fut extrait et pesé à 12   1/2

A quatre heures et demie du soir, un 2ᵐᵉ voyage apporta 2350 kilog., le moût qui en fut extrait et versé dans un litre supporta l'œnomètre à 12   3/4

____

49   1/2

La vendange finie, les quatre litres moûts relevés à chacun des voyages furent versés dans un seul vase, et de cette fusion un seul litre fut rempli et pesé à l'œnomètre qui donna pour règle générale et type 12 degrés 1/4. La différence existante des demi degrés étant prouvée par la différence dé la chaleur du moût à son arrivée, et celle de la température après 24 heures de repos du liquide.

Après cette première opération, il fallut établir un point de base proportionnelle :

Un verre à liqueur fut adopté à cet effet ;

Le litre fut reconnu contenir 37 verres à liqueur de moût à 12 degrés 1/4, dès lors :

Attendu qu'il a été démontré par tous les chimistes œnologues les plus exercés : *que le moût pour réunir dans une véritable et exacte proportion, les quatre principes qui doivent former un bon vin*, doit avoir 10 *degrés*, (et non 12 degrés ainsi qu'un de nos honorables membres l'a avancé, dans un mémoire lu dans la séance du 22 courant), je versai trois verres d'eau de fontaine sur les 37 verres moût, que contenait le litre pris dans la base moyenne, et l'œnomètre, de nouveau plongé sur le liquide, se soutint sur 10 degrés fixe.

Il résulte de ces diverses opérations, que j'avais 7 1/2 *pour cent d'eau* à introduire dans la cuvée. Je fis cette introduction le soir du même jour, *en six pour cent* d'eau à sa température naturelle, et en *un* pour cent d'eau versée bouillante sur la cuvée. Avant de fermer la cuve, une planche fut placée au-dessus. Cette planche supportait, fixée à son centre, un bâton de 3 centimètres de diamètre, dont l'extrémité perpendiculaire apparaissait au-dessus du couvert de la cuve, en forme de regard par un trou fait au milieu. Tout ainsi disposé, la cuve fut fermée et abandonnée à son action.

J'observai que les cuves, dans cette ville, sont toutes en général, construites en bâtisse par couches de moellons de 25 centimètres carrés, et posés avec mortier fait avec la pouzolanne ou avec du ciment ordinaire ; une fermentation des plus vives s'établit incontinent dans la cuvée ; en 24 heures, elle s'éleva de 12 centimètres ; en 48 heures, elle était à 30 centimètres ; et en 60 heures elle était à son plus haut degré d'élévation ; le 3me jour au matin , il fut reconnu que la fermentation ralentissait , aussitôt des mesures furent prises pour décuver.

Dans la soirée et la nuit du 3me au 4me jour , toute la décuvaison du vin fut opérée ; le liquide, quoique chaud , fut reconnu exempt de la douceur qui toujours l'avait caractérisé , et fut placé dans les tonneaux vinaires , en chêne de Provence.

Le produit des 9650 kilog. de raisins qui formaient cette cuvée , était présumé devoir être de . . 60 hectol. 50 l.
à ajouter eau introduite 1/7me %. . . . 4 50

| | 65 | 00 |

Il fut retiré de la cuve : vin clair. . 58 50
Vin de fond de la cuve et produit par le pressoir. 4 50

| | 63 | 00 |

Absorption présumée , et opérée par l'action de la fermentation de la vendange en cuve. 2 00

Total. . . 65 hectol. 00

Ce vin resta dans ces mêmes tonneaux jusques en février suivant ; à cette époque je le fis soutirer en barriques Bordelaises et transporter à Marseille dans mon chaix , situé sur le canal de cette ville, où il fut transvasé dans un grand foudre. Il y resta pendant environ *20 mois* transvasé d'un foudre à l'autre , aux époques qui précèdent la fermentation ordinaire des vins, qui toujours a lieu en *mars*, *juin*, *septembre* et *octobre* , après ce temps et coupé avec un tiers du produit sans mélange du grenache dit sans pareil , que j'avais récolté et conservé ; je mis tout ce vin en caisse de douze bouteilles , caisses qui me furent achetées par des maisons anglo-Américaines de cette ville, et expédiées sur divers points des États-Unis où ils furent parfaitement appréciés et vendus, sous la qualification de *vin claret*.

Cette expérience qui fut approuvée par la Société Royale d'Agriculture, et rapportée dans ses annales en 1823, démontre, que tous les propriétaires de bons vignobles peuvent, avec des soins, obtenir de bons vins, en observant la nature de leur vendange, la ramenant au degré exigé, soit par l'addition de l'eau, si elle est trop chargée de muqueux doux, et par l'absorption de l'eau, ou par l'introduction du miel et du sucre pour établir la proportion des muqueux, qui manque à leur produit.

Je pourrais citer une expérience, dans le sens contraire de celle que je viens d'avoir l'honneur de décrire, mais les moments, de cet heureux Congrès, sont trop précieux pour en abuser, et je pense avoir été suffisamment compris par les propriétaires et les œnologues distingués qui le composent, et auxquels Marseille sera à jamais reconnaissante de la masse de lumières qu'ils ont répandues sur des travaux qui y ont été élaborés.

VIGUIER.

NOTICE SUR LA SOCIÉTÉ VINICOLE DE MOSELLE ET SARRE.

Par M. GUILLORY AÎNÉ, délégué de la Société industrielle d'Angers et du département de Maine-et-Loire.

J'ai eu l'occasion, Messieurs, de prononcer devant vous le nom de la Société vinicole de Moselle et Sarre; je viens mettre sous vos yeux quelques renseignements relatifs à cette Société.

Quelques années avant la formation du Congrés de vignerons allemands, c'est-à-dire en juin 1836, les propriétaires de vignobles des bords de la Sarre et de la Moselle formèrent le projet de se réunir en société à Trèves (Prusse-Rhénane) dans l'intention de s'occuper du perfectionnement de la culture de la vigne et de l'amélioration de ses produits.

La Prusse-Rhénane possède environ dix mille hectares de terre plantés en vignes ; ses principaux crus sont classés par Jullien dans la deuxième classe des vins moelleux et des vins secs étrangers à la France.

Dès la première année de son existence, la Société vinicole de Trèves compta 85 membres ; ce nombre s'accrut de 19 en 1837, et de 7 en 1838. Chacun des sociétaires dut payer une cotisation de deux écus (8 fr.) — Outre les réunions trimestrielles ordinaires, la Société tient chaque année une assemblée générale.

Le dépouillement des cahiers, publiés en langue allemande par cette Société, nous a fait connaître l'énoncé suivant de ses travaux les plus caractéristiques :

Tableau de diverses espèces de vignes ; formation de leurs pampres et de leurs bourgeons.

Discussion sur la question des premières vendanges, des moyens de former des vignerons capables d'une culture judicieuse.

Sur l'introduction de la méthode de cultiver la vigne au rhingau.

Rapport sur un nouveau pressoir.

Sous le titre *Mélanges* sont compris tous les travaux ordinaires des séances jusqu'en 1843 inclusivement ; ils sont relatifs à la culture générale et à l'œnologie.

Une foule de pièces officielles prouvent que, comme nous l'éprouvons en France, les propriétaires de vignes prussiens ne sont pas dans une position favorable pour l'écoulement avec profit de leurs produits ; des remontrances faites à divers magistrats concernant la première vendange et la culture des osiers, sont suivies de pétitions au ministre des finances, au directeur général des contributions ; de demande en rémission de l'impôt pour 1838, laquelle est suivie d'un rescrit de la régence royale. Tous ces points donnent lieu à une correspondance soutenue entre les autorités et le bureau de la Société. Viennent ensuite une ordonnance et un rescrit de la régence relatifs à la première vendange et au glanage ; puis des arrêtés de l'électorat de Trèves pris en 1750, 1784 et 1787, relatifs à la culture de la vigne ; et enfin des passages tirés du discours final de la diète provinciale de 1841 sur la culture des vignes.

Parmi ces nombreux documents, celui qui nous a paru devoir présenter le plus haut intérêt, donne le plan d'une école vinicole présenté à la Société de Trèves le 25 janvier 1837. J'ai l'honneur de vous en soumettre l'analyse.

But de l'École.

Former l'éducation des jeunes gens pour toute l'étendue de la culture des vignes, de la préparation et du soin des vins dans les caves.

L'établissement devrait avoir en vue de former de bons administrateurs et des ouvriers intelligents, afin que l'ignorance des uns et des autres n'arrête pas les propriétaires dans les améliorations qu'ils se proposent de faire.

Enseignement.

L'enseignement serait tout à la fois théorique et pratique. Sous le premier rapport, à l'éducation primaire ordinaire viendraient se joindre les notions théoriques sur la culture de la vigne, la confection des vins, les soins à leur donner ; il faudrait ajouter encore quelques autres études ; ainsi feraient partie de l'enseignement, la comptabilité, la rédaction des devis, l'arithmétique, l'arpentage, le dessin linéaire et la levée des plans. Quant aux sciences naturelles, telles que la physique, la chimie générale, l'histoire naturelle et la géographie, dans leurs rapports avec la viticulture et l'œnologie, elles viendraient, comme sciences accessoires, compléter cette éducation toute spéciale.

Quant à l'instruction pratique, elle consisterait dans l'exécution de tous les travaux manuels des vignerons, autant que l'établissement le comporterait ou que les propriétés voisines en offriraient les moyens ; la pratique de toutes ces parties de l'économie rurale pour les cultures accessoires et la gestion d'un domaine, et surtout le nourrissage et l'éducation des bestiaux. Enfin, il faudrait connaître sommairement le métier de tonnelier.

Organisation intérieure.

L'établissement ne devrait recevoir que des jeunes gens dont l'enseignement élémentaire serait terminé et qui suivraient les cours pendant trois ans.

Quatre et six heures d'enseignement auraient lieu par jour ; de sorte que, pendant les mois où se font les travaux les plus importants dans les vignobles, le moment des leçons serait abrégé et se ferait seulement de grand matin et le soir, afin de laisser tous les jours plus de temps aux exercices pratiques.

Un enseignement gratuit serait donné aux élèves peu fortunés, et des concours publics auraient lieu annuellement.

On ouvrirait des cours séparés pour les simples ouvriers.

En commençant, il suffirait d'un seul maître sous la surveillance du bureau de la Société vinicole.

Quant aux frais, on aurait à dépenser 1,150 écus (4,600 fr.) pour l'appropriation d'un vignoble normal ; les appointements des deux maîtres seraient de 950 écus, ou soit 3,800 fr.

Cependant on peut espérer que la fondation aurait lieu par des souscriptions volontaires ; plus tard, le paiement de la pension des élèves et les produits de la vigne fourniraient en partie aux dépenses annuelles, de sorte qu'un pareil établissement pourrait être réalisé au moyen d'actions sortant de la Société elle-même.

De tels établissements, Messieurs, s'ils pouvaient se fonder en France, produiraient, sans nul doute, d'immenses et féconds résultats. Nous ne savons si les plans ainsi tracés de la Société vinicole de Moselle et Sarre ont reçu leur exécution sous ses auspices. Elle a du moins eu le mérite d'indiquer de la sorte, une voie d'améliorations et de progrès qu'il est désirable de voir s'ouvrir plus tard.

GUILLORY aîné.

OBSERVATIONS SUR LES ENGRAIS QUI CONVIENNENT A LA VIGNE ;

Par M. TURREL, Directeur du Journal des Engrais.

Il serait temps de faire enfin justice de l'axiôme populaire que la *vigne n'a pas besoin d'engrais*. Toutes les plantes ont besoin d'aliments ou des substances qui stimulent leur végétation et les placent dans le cas de pouvoir s'assimiler la nourriture des gaz qui sont dans l'atmosphère. Ainsi, que les végétaux s'approprient la substance même de l'engrais, ou qu'à l'aide de celle-ci, ils acquièrent la propriété de s'emparer des gaz nutritifs qui sont dans l'air, peu importe ; le fait que les plantes ont besoin de secours, n'est pas moins à constater. Mais quel engrais convient le mieux dans la vigne ? Quel est le plus économique et le plus facile à administrer ? La science et l'expérience sont d'accord sur ce point, qu'en général il faut analyser le sol où on veut planter une vigne, et ensuite faire l'examen chimique des éléments qui constituent la charpente du cep, du fruit et de la grappe. On a répondu à cela que les cultivateurs ne savaient jamais analyser leurs terres ; que c'est là une complication. C'est précisément cette disposition que je blâme, car il vaut mieux, dût-il en coûter quelque chose, savoir son chemin que de le chercher au hasard. Vous voulez, dites-vous, l'économie ? Mais celle-ci consiste à savoir faire un sacrifice pour atteindre de suite l'inconnu. Avec 10 fr., le premier pharmacien analysera votre terre. Si vous reculez devant cette dépense, par sentiment d'économie, quittez la culture de suite. L'économie consiste à savoir dépenser à propos.

Il faut donc analyser sa terre d'abord, analyser la vigne dans ses cendres ou dans ses parties organiques, et mettre dans les engrais à fabriquer pour la vigne les éléments qui sont de nature analogue à la constitution du plant et ajouter les éléments qui ne sont pas dans le sol analysé et qui se trouvent dans les débris organiques de la vigne.

Quelle est la première règle à tracer et conforme à ces principes établis par MM. Liébig et de Gasparin, en 1844, après nous qui les avons posés les premiers en 1840 ? C'est de dépouiller la vigne de ses feuilles, après l'enlèvement du fruit, d'enfouir les feuilles dans une ornière latérale tracée à la charrue, à 4 ou 5 pouces de profondeur, de recouvrir, au moyen d'un second coup de charrue à versoir, et ensuite, à l'époque de la taille, d'enfoncer ainsi à même profondeur le sarment coupé à la faucille à 4 ou 5 pouces de longueur. C'est là de l'engrais trouvé sur place, c'est de l'humus, du sel marin, et surtout de la potasse restituée à la plante par la plante elle-même. C'est réaliser ce qui se passe dans nos bois. Rendez à César ce qui est à César. Ainsi, vous rétablirez en caisse ce qui a été dépensé ; vous équilibrerez la recette avec la dépense en style commercial. Cet engrais naturel est-il insuffisant, composez un liquide fait avec de l'eau que vous laissez corrompre, après y avoir jeté des végétaux verts ; puis ajoutez dans cette eau les sels constitutifs de la vigne. Je m'explique. Le terrain n'est-il pas calcaire, mettez de la chaux dans l'eau corrompue, car il y a du sel calcaire dans la vigne qui, par cette raison, les aime beaucoup. Le sol est-il privé de potasse, ajoutez de la cendre ou de la potasse à la composition. Le sol est-il privé de fer, ajoutez du sulfate de fer, de la rouille ou fer oxigéné ; car il y a du fer dans le fruit. Je ne veux pas multiplier ces détails ; il suffit de rendre intelligible et nécessaire la cause de la restitution ou de l'addition.

Pour continuer l'explication des engrais convenables à la vigne, nous ajouterons qu'il faut écarter avec soin les engrais trop ammoniacaux et rechercher les engrais végétaux et minéraux. Ce n'est pas que les engrais azotés ne fassent pousser la vigne très vigoureusement, mais c'est toujours aux dépens de la qualité. Les vins provenant de fumiers trop azotés auront toujours moins de finesse, se conserveront moins et supporteront beaucoup moins les transports de terre et surtout ceux de mer, auxquels les vins de Bordeaux sont presque les seuls à résister. Il est facile d'expliquer comment les engrais végétaux verts agissent. Ils contiennent tous divers acides qui rencontrant diverses bases, soit dans eux-mêmes, soit dans le sol, soit dans les lessives Jauffret, s'unissent à ces bases et forment des sels nouveaux qui, alors, deviennent engrais. C'est le même principe qui doit nous diriger dans la fabrication des engrais en général. Seulement il faut réserver avec soin pour les céréales, colza, lin, etc., les engrais les plus azotés; réserver pour la vigne les engrais végétaux et à base d'alcali. Le sel marin lui-même peut être d'un grand secours à la vigne ; mais, avant de l'employer, il faut le mélanger avec de la chaux pour le convertir en carbonate de soude, ainsi que l'a expliqué M. Bousingaut dans son traité nouveau d'économie rurale.

Ainsi, n'oublions pas que si les fumiers de ferme en général sont excellents, c'est que, par l'effet du hasard, ils se sont trouvés contenir des acides et des bases qui ont fait alliance; que, si l'engrais Jauffret est excellent, c'est par la même raison, sauf que Jauffret a raisonné son art, et a remplacé les acides nécessaires à la formation des sels, par du plâtre. L'acide sulfurique du plâtre s'est porté sur les cendres, sur la suie, sur l'ammoniaque employés dans la lessive Jauffret, et il s'est formé ce qu'on appelle de doubles décompositions, c'est-à-dire des sulfates de potasse d'ammoniaque, etc. Voilà l'explication réelle de la méthode Jauffret qui doit être d'un immense secours au vigneron ; car ce dernier, le plus souvent, n'a ni paille, ni troupeau pour se tirer d'embarras , il n'a pas d'autres ressources que les suivantes :

1° Enfouir les feuilles et les ceps coupés au moment favorable , surtout après une pluie.

2° Arrêter les eaux des pluies sur une partie même du vignoble au point d'écoulement , les corrompre avec quelques végétaux verts et pratiquer sur place, la méthode Jauffret , soit en convertissant des corps ligneux pris dans le voisinage , soit en faisant du terreau , soit enfin en arrosant avec ce pourri factice qui ne coûte en résumé que de l'eau , du soleil et des soins.

3° Réserver les substances animales pour les champs de labour , et réserver à la vigne les végétaux , les sels calcaires, potasse, sel marin, soude qu'on pourra se procurer pour enrichir les lessives ou purin préparatoire.

4° Régler l'emploi de ces matières sur l'analyse du sol et de la vigne en culture, afin de sortir décidément du domaine du hasard. L'agriculture est la plus compliquée et la plus difficile de toutes les sciences, et nous l'avons abandonnée à un malheureux paysan auquel nous avons oublié d'apprendre à lire. Ils ont fait assez dans cette position ; reprenons le gouvernail , et parcourons avec sécurité une mer nouvelle , dont la science et l'expérience ; mises en rapport, ne tarderont pas à faire disparaître tous les écueils.

Marseille , le 24 août 1844.

Turrel.

Rapport sur l'ouvrage de M. Fauré, pharmacien, intitulé : Analyse chimique et comparée des vins du département de la Gironde.

Par MM. Aubergier et Turrel.

L'ouvrage dont M. Fauré a bien voulu faire hommage au Congrès est remarquable dans toutes ses parties et il est malheureux d'être obligé d'en faire une simple analyse. L'objet que s'est proposé surtout l'auteur, c'est de nous apprendre à découvrir la fraude qui cherche à remplacer le naturel des vins par des procédés quelquefois insalubres et dangereux. Il résulte de cet immense travail d'analyses chimiques, les conclusions suivantes : c'est que le maximum d'alcool contenu dans les vins rouges de Bordeaux est de 14 $\%$ et dans les vins blancs de 15 $\%$.

2° Que tous les vins rouges du département de la Gironde, contiennent une quantité de tanin, qui, mesurée d'après le procédé décrit par l'auteur, peut être évaluée pour les plus chargés à 17 ou 18 centièmes, et pour les plus faibles à 6 ou 7 centièmes, tandis que dans les vins blancs où ce principe se trouve le moins, la quantité doit en être exprimée par un ou 2 centièmes seulement.

3° Que les vins rouges contiennent la matière colorante dans des proportions qui sont exprimées pour les plus colorés, par 34 ou 35 centièmes, et pour les plus légers, par 11 ou 12 centièmes.

4° Qu'il existe dans les vins de la Gironde un principe particulier que personne encore n'avait indiqué, et que l'auteur appelle œnanthine. Le principe n'est appréciable que dans les vins des premiers crus ; c'est lui qui leur donne l'onctuosité et le velouté ; on le reconnaît aussi dans les vins ordinaires, mais on ne le retrouve plus dans les vins communs.

5° Que l'arôme ou bouquet n'a pu être isolé que de quelques vins rouges de premiers crus ; ce parfum paraît être produit par une huile essentielle, particulière, qui ne se forme que sous certaines influences et dont les éléments véritables résident dans toutes les pellicules du raisin.

6° Que tous les sels contenus dans les vins de la Gironde, se trouvent aussi dans les autres vins de France, à l'exception du tartrate de fer.

L'auteur indique ensuite divers procédés, au moyen desquels le chimiste pourra aisément s'assurer si les vins sont surchargés frauduleusement d'alcool, si les vins rouges sont mêlés de blancs, si les vins rouges et les blancs sont coupés avec de l'eau, si les vins rouges sont colorés artificiellement, et enfin, si l'arôme donné au vin est factice ou naturel.

Il y aurait à extraire du mémoire dont-il s'agit, une foule d'observations utiles, nous nous bornerons à mettre en relief les plus saillantes.

L'alcool est le plus important des principes constitutifs des vins.

Plus le raisin est mûr et doux, plus il y a d'alcool. Mais celui-ci doit être tempéré par les autres principes du vin, qui affaiblissent une saveur trop brûlante, et produisent en s'équilibrant le moelleux de cette boisson.

Dans la cuve, le vin perd de son alcool, et souvent il faut ajouter de celui-ci à chaque soutirage.

La lie est le produit de la défécation du vin, qu'il s'agit d'extraire au plutôt et autant qu'on le peut.

L'arôme ne peut se faire sentir que lorsque le vin a été dépouillé de sa lie après plusieurs décantations.

La moyenne, pour les bons vins de Bordeaux, doit être de 9 à 10 % d'alcool.

Le tanin réside dans les pepins, la grappe et les pellicules des raisins.

Il ne faut pas coller des vins trop pauvres en tanin qui pourrait se précipiter en entier.

L'œnanthine, donnant lieu à l'arôme (ou fleur de vin) est une substance glutineuse, filante, élastique, qui ne se trouve pas dans les vins de médiocre ou de mauvaise qualité. Cette substance ne préexiste pas dans le raisin, puisque le moût ne la contient pas ; elle se forme , ou sous l'influence de la fermentation tumultueuse de la cuve , ou sous celle de l'influence des combinaisons lentes qui s'opèrent dans la barrique. Il semblerait résulter des expériences de l'auteur, qu'avec une barrique d'excellent vin de Médoc, on pourrait arômatiser ou médoquiser des vins sans arôme.

C'est dans la pellicule du raisin que réside la matière colorante.

La couleur tuilée des vins, ou pélure d'ognon , s'obtient beaucoup plutôt dans les lieux obscurs que dans les endroits éclairés.

Les différents arômes des vins de Bordeaux de 1re qualité se rapprochent de l'amande et de la violette.

L'auteur a employé avec succès, pour corriger l'acidité du vin piqué, de la crème de lait. Il verse du lait crémeux un litre par barrique de vin dans le vaisseau , il fouette le tout , et après quelques jours de repos , l'acide a disparu presque en entier. Les rapporteurs pensent qu'on atteindrait le même résultat , et plus économiquement avec du carbonate de chaux , ou de la cendre de bois. Cette question est grave , et sa solution serait très importante pour le midi surtout.

TURREL. AUBERGIER père.

MÉMOIRE SUR L'EXTRACTION DE L'HUILE DE PÉPINS DE RAISINS,

Par M. H. BOURGAREL.

MESSIEURS ,

La prospérité d'une culture , et l'avenir d'une industrie sont et demeurent toujours subordonnés et proportionnés aux plus ou moins grands bénéfices qu'ils procurent aux exploitants.

Il est donc évident que l'augmentation de ces bénéfices, est le premier but que doivent se proposer d'atteindre ceux qui veulent encourager et améliorer une culture quelconque; d'après ces principes, faire rendre à la vigne un revenu de plus en utilisant doublement une partie de ses produits, considérée jusqu'à présent comme dénués de toute utilité, m'a paru un moyen d'encouragement et de prospérité pour sa culture, et devoir par conséquence entrer dans les vues que se propose cette Assemblée. C'est ce qui m'a déterminé, Messieurs, à vous soumettre le résumé des nombreuses expériences que j'ai faites sur les pépins de raisins dont les résultats ont été l'extraction d'une huile et d'un engrais; l'utilité desquels vous sera démontrée dans la suite de ce mémoire.

Ces opérations, je ne me suis point borné à les faire dans un laboratoire et sur de petites quantités, mais en les répétant dans une usine appropriée à cet effet, et en opérant sur des masses suffisantes à la déduction de conséquences positives et susceptibles, soit d'augmenter directement les produits utiles de la culture, à laquelle nous nous intéressons, soit d'améliorer la position de ceux qui s'y livrent.

C'est notamment de l'huile qu'on peut en extraire, et dont j'ai l'honneur de vous offrir les échantillons, que j'ai à vous entretenir. La chose n'est pas nouvelle, Messieurs; plusieurs d'entre vous ont connaissance, sans doute, des documents publiés sur cette matière par Messieurs Julia Fontenelle et autres qui s'en sont occupés avant moi : mais ces documents, tels qu'ils ont été donnés, n'ont qu'une portée scientifique, et mon but est d'en démontrer la possibilité et les avantages de leur mise en pratique.

La ville de Brescia, en Italie, faisait encore, en 1771, un commerce très important de cette huile. Les habitants du département du Tarn l'extraient aussi et l'emploient à leur éclairage; et si, comme il y a lieu de le croire, la perpétuité des usages est le plus sûr garant de leurs avantages, il ne faut chercher ailleurs que là, celui qu'en procure l'extraction, dont l'origine, dans ce département, se perd dans la nuit des temps.

Avant de vous soumettre les calculs qui, je l'espère, vous convaincront que l'extraction nationalisée de cette huile, serait une ressource bénéficiaire de plus acquise à la France; il est, je crois, urgent de détruire les préventions déjà élevées contre la possibilité d'exécution pour ceux d'entre vous qui ont connaissance des essais en grand, déjà tentés infructueusement.

Dans le département du Tarn, cette huile se fabrique dans des moulins qui travaillent à façon pour compte des particuliers, lesquels y apportent à triturer, les pépins qu'eux-mêmes ont séparé du marc. Cette manière d'opérer en détail ne rencontre aucune difficulté, parce que chacun agissant séparément sur de petites masses, il leur devient facile de faire passer l'opération par toutes les phases préparatoires qu'elle nécessite.

La quantité de pépins obtenue étant en rapport de celle assez minime de raisins que produit ce département, et tous les moulins à huile, triturant les pépins de raisins, il en résulte que la matière ne surabonde jamais assez dans ces moulins pour faire éprouver aux propriétaires un retard suffisant à sa détérioration dans le cas où elle n'eût pas été préparée avec tous les soins nécessaires à une conservation prolongée.

Mais lorsqu'il s'agit d'opérer en grand, les choses changent de face; et ici, Messieurs, se présente le premier écueil contre lequel ont échoué tous ceux qui l'ont tenté. La nécessité d'agir sur de fortes masses ne leur permettant pas l'usage des moyens partiels, et la saison humide des décuvages s'opposant à l'emploi de ceux naturels, tout d'abord nécessaires au desséchement des marcs pour en faciliter la séparation des pépins, on eut recours à ceux artificiels.

Quelques-uns, après avoir séparé les pépins au moyen

de l'eau, les amenaient à un degré de desséchement suffisant par le procédé qu'emploient les brasseurs de bière à la torréfaction de l'orge.

D'autres ont atteint le même but avec plus de rapidité au moyen d'un grand et long cylindre en tôle, muni intérieurement d'un large canal spécial, à peu près semblable à la vis d'Archimède, et placé horizontalement sur un fourneau de pareille longueur où on lui imprimait un mouvement de rotation qui forçait la matière qu'on y introduisait par une extrémité à parcourir toute la longueur du cylindre et à sortir par l'extrémité opposée dans les mêmes proportions qu'elle y avait été introduite, d'où résultait un jet continuel de matière sèche.

Tous ces moyens, les seuls à ma connaissance employés jusqu'à ce jour, avaient le grand désavantage d'élever le prix de la matière première hors des proportions de son rendement ; mais à cet inconvénient s'en joignaient d'autres bien plus grands encore. Le feu étant trop ardent, le peu d'huile contenue dans l'amande se desséchait aussi ; si, au contraire, il était insuffisant, et que les pépins retinssent encore la moindre humidité, ceux-ci ne tardaient pas à rentrer en fermentation, et quelques heures dans cet état suffisaient pour tout perdre.

Avec ces seuls inconvénients la réussite était déjà impossible, et ce n'est cependant pas les seuls qu'ils eussent à vaincre, car la misère et plus encore l'ignorance des classes auxquelles il fallait s'adresser pour se procurer ces marcs, leur en opposaient de plus grands encore.

L'obligation de cacher aux vendeurs l'emploi qu'on faisait de ces marcs, laissait un champ libre aux conjectures : aussi la plupart, pensant qu'on en retirait de grands avantages, en élevèrent le prix d'une manière exorbitante ; et, si à cela on ajoute les frais de transport, on reconnaîtra la cause qui a arrêté le développement de cette industrie.

Après avoir établi et vous avoir démontré les causes de

l'insuccès, il me sera moins difficile, je l'espère, de vous convaincre de la possibilité du résultat contraire.

L'économie étant, en manufacture comme en tout autre industrie, l'élément le plus puissant de réussite, le manufacturier doit d'abord placer son usine en un lieu tel qu'il puisse lui permettre d'y faire arriver les matières premières avec le moins de frais possible; et, pour celui dont s'agit, l'embouchure d'un grand cours d'eau navigable dont les terrains riverains sont complantés de vignes, doit être préféré.

Pour nos départements, par exemple, le port de Bouc, par sa position géographique et le canal qui le lie au Rhône, pouvant recevoir à bon marché, tant de l'intérieur de la France que des ports de mer environnants, la matière première, me paraît être un des points prédestinés pour la réussite de cette industrie.

Cela posé, il ne nous reste plus qu'à vaincre les difficultés qu'ont rencontrées nos devanciers, et je crois pouvoir vous offrir comme efficaces, les moyens suivants :

L'expérience m'a démontré que le marc de raisin, après avoir été entassé fortement dans des cuves, silots ou simplement à l'air, pouvait se conserver une et même plusieurs années, sans éprouver la moindre détérioration, pourvu toutefois que dans ce dernier cas le monceau soit en plus forte quantité et placé sur un lit de facines, sarments ou tout autre support qui permette à l'eau qu'il retient, de s'écouler facilement.

Cela étant, il est facile de concevoir qu'aux mois de juillet et d'août, en l'exposant au soleil, on obtiendra en très peu de temps le desséchement naturel, économique et convenable de telle quantité qu'on voudra.

Quant aux moyens d'en séparer les pépins, le ventilateur en offre un à la fois trop simple et trop connu pour qu'il soit nécessaire d'en démontrer l'efficacité et l'économie.

J'ai dit plus haut que la misère et l'ignorance des classes

auxquelles il faut s'adresser pour obtenir ces marcs, étaient un très grand obstacle qu'il faut aussi surmonter ; et ici, Messieurs, le paliatif résulte du mal même.

La généralité des fermiers de nos départements, pressés par le besoin d'argent, sont dans l'usage de conserver leurs marcs pour les distillateurs qui les leur prennent toutes les années ; ils craindraient, en les livrant à d'autres individus et pour une industrie qu'ils ignorent, que la vente n'en fût pas aussi bien assurée. Dans cette incertitude, ils préfèrent continuer à les céder aux distillateurs. Mais pour livrer ces marcs à la distillation, les vignerons doivent renoncer à en extraire la piquette, dont le produit leur est plus avantageux que le prix qu'en donnent les distillateurs. Tandis qu'en destinant ces marcs à la fabrication de l'huile, non seulement ils peuvent leur faire subir les lavages nécessaires à l'extraction de la piquette autant qu'ils le jugeront convenable, sans nuire à la qualité de l'huile qui, au contraire, en sera plus limpide (1), en sorte qu'il résultera pour les propriétaires du marc le double produit et de la piquette, qui est d'un si grand avantage domestique, et de tirer encore de ces marcs le même prix qu'ils les avaient vendus aux distillateurs. Il résulte de plus pour la fabrication de l'huile l'avantage d'avoir les pépins mieux préparés et à une époque où la fabrication en devient plus facile.

Vous comprenez bien, Messieurs, que cette même misère, qui d'abord était un obstacle, leur fera mieux appré-

---

(1) L'huile de pépins de raisins est d'une couleur jaune brunâtre, exposée aux rayons solaires, elle paraît vineuse, et cette couleur est due à une certaine quantité de parties colorantes du vin qui adhère contre le pépin et se dissout dans le liquide.

Le lavage, qui a lieu par la fabrication de la piquette, l'en dépouille en partie, et l'huile qui en provient est moins brune par des lavages faits avec soin ; j'ai obtenu de l'huile d'une très belle couleur jaune franc.

cier les avantages qui leur sont offerts, puisqu'ils pourront retirer les prix qu'ils obtenaient des distillateurs (1), et de plus, se procurer pour l'année une boisson à la fois salutaire et agréable, de laquelle aucun d'eux n'ignore l'utilité, et qu'en général ils préfèrent au vin mêlé d'eau.

Et, je crois ici, Messieurs, que, ne dût-il résulter de l'emploi des marcs au but que je vous propose, que ce seul soulagement pour la classe des cultivateurs, la propagation de cette industrie, mériterait déjà toute votre sollicitude.

L'agriculture y trouvera aussi sa part de bienfaits ; car aucun de vous, Messieurs, n'ignore et la nullité des propriétés fécondantes des marcs de raisin, etc., et les ravages qu'exercent sur les récoltes les mulots attirés sur terre où ces marcs ont été déposés comme engrais.

Il suit des expériences souvent répétées que dans les localités où l'on s'attache à la culture des belles espèces de raisin, le marc qui résulte de la quantité qui a produit 20 hectolitres de vin, donne un hectolitre de pépins, dans celles où les espèces sont mélangées, on l'obtient sur 16 ; enfin, dans les départements du nord le nombre d'hectolitres se réduit à 12. Mais comme la quantité d'huile fournie par ces pépins varie aussi suivant leur qualité et pour ne pas rester en arrière des espérances qu'on peut fonder sur cette industrie, je prendrai pour base de mes calculs, le plus faible rapport d'un sur 20.

Des renseignements pris à bonne source et suivant la statistique générale du royaume, il résulte que la France produit d'hectolitres de vin 42,304,447

-----

(1) Les distillateurs ne payent que 3 fr. la même quantité de marc dont on peut extraire celle de pépins que j'établis à 5 fr. Si l'on en déduit 1 fr. pour frais de séparation et de transport, ils auront encore, en accordant la préférence à la fabrication de l'huile, un bénéfice de 25 p. 0|0.

dont les marcs donnent en pépins en calculant sur 1 hectolitre
par chaque 20 hectolitres de vin. . . . 2,115,206

Des expériences souvent répétées et opérées en grand
sur les diverses qualités de pépins, il résulte que la moyenne
du rendement d'un hectolitre de cette semence, est de 8 kilogrammes d'huile (1).

De la quantité de pépins ci-dessus, et suivant le rendement
de 8 kilogrammes, on obtiendra d'huile   16,921,648

La moyenne d'un hectolitre de pépins étant de 50 k⁰ˢ le
poids moyen de la quantité sera de. . . 105,760,300

La manutention leur faisant éprouver un déchet de 20 p.
%, la quantité de tourteaux que produiront ces pépins,
sera de 84,608,240

En établissant le prix des huiles obtenues à celui des plus
basses qualités, c'est-à-dire à 1 fr. le kilogramme, nous au-
rons pour produit. . . . . . F.   16,921,648

Et en supposant que les
tourteaux ne puissent être
employés que comme com-
bustibles et donnant une valeur de 3 fr. les 100 kilog, ils
produiront. . . . . . . F.   1,692,164

Total de la valeur des huiles et tour-
teaux . . . . F.   18,613,812

(1) On lit au *Mémorial encyclopédique et progressif des connaissances humaines*, 9ᵐᵉ année, n° 103, juillet 1839, page 413
et 414, arts mécaniques, huile de raisins.

M. BRESSON, de Dijon, qui depuis 15 années s'occupe de cette
industrie, obtient 2000 kilog. d'huile sur 200 hectolitres de pépins
ou soit 10 kilog. par hectolitre.

Une lettre que je possède, de la mairie d'Alby, établit ce rendement à 7 kilog. et demi, obtenus avec des presses en bois.

Report . . . . F. 18,613,812

Le prix de l'hectolitre de pépins peut être
établi à 5 fr. *maximum* du prix possible, la
quantité produite coûtera. F.   10,576,030

Les prix de manutention re-
connus à peu près invariables
dans toutes les usines mues
par la vapeur, et qui s'occupent de l'extraction des huiles de graines, est de 5 fr. les
100 kilog., la quantité que
nous avons, coûtera donc. F.   5,288,015

Total des dépenses. . . . . . F.   15,864,045

Bénéfices . . . . F.   2,749,767

N'ayant fait jusqu'à ce jour aucune expérience sur les
propriétés fécondantes du tourteau de raisins, je n'ai pas
cru devoir lui assigner d'autres prix que celui qu'il ne pouvait manquer d'avoir comme combustible. Mais s'il était
malheureusement vrai qu'il ne peut avoir d'autre emploi,
il serait alors possible d'utiliser d'abord sa propriété,
spontanément susceptible de fermentation alcoolique, à
la fabrication du vinaigre, et par lui, accroître les bénéfices de toute la différence de sa valeur à celle que nous avons
déjà donnée aux tourteaux; lesquels, après cette opération,
n'en seraient pas moins propres à la combustion.

Jusqu'à présent, Messieurs, et pour vous présenter l'opération dans son ensemble, j'ai dû la traiter sous un point
de vue d'économie générale. Mais si, abandonnant cette
voie, nous la ramenons au point de vue d'économie domestique, il vous sera facile de vous apercevoir que les opérations préparatoires, pouvant être faites dans les moments
de loisir des détenteurs des matières premières, elles ne
coûteront rien à ceux-ci, et que l'huile qu'ils en retireront

leur sera un bénéfice d'autant plus net que déjà ils se seront procurés pour l'année, une boisson dont le prix de celle qu'elle remplace est de beaucoup supérieur à celui de la façon qu'ils seront obligés de débourser pour l'obtenir.

La propagation de cette industrie, sous quelque point de vue que nous l'envisagions, ne peut donc qu'être avantageuse aux classes malheureuses ; car, en outre du prix qu'elle donnera aux matières en leur possession, aujourd'hui sans valeur, elle mettrait encore en circulation et ferait passer dans leurs mains, la somme nécessaire à son exploitation, et suffisante à contribuer au bien-être de plusieurs centaines de familles.

Puissé-je, Messieurs, vous avoir fait suffisamment partager mes convictions, pour espérer vous voir un jour coopérer au succès de cette industrie. C'est la seule récompense que j'ambitionne pour mes faibles travaux.

H. Bourgarel.

CULTURE DE LA VIGNE DANS LE DÉPARTEMENT DE LOT-ET-GARONNE, DES MEILLEURS CÉPAGES QUI Y SONT CULTIVÉS.

Par M. Tourrès, *pépiniériste, à Macheteaux près Tonneins.*

Situé sous un climat extrêmement propice, et possédant toutes sortes de terrains et dispositions très favorables à la culture de la vigne, comme presque généralement à tous les végétaux de la France, la culture de cette plante utile a, de temps immémorial, formé une des branches spéciales de richesse et de prospérité publique dans le Lot-et-Garonne, et les départements limitrophes.

Les plantations s'effectuent de plusieurs manières, toujours subordonnées à l'exposition, à la fertilité du sol, et à sa position plane, ou plus ou moins inclinée en pente : dans les plaines, n'importe la qualité du sol, la culture en jouales , simples ou doubles , espacées de 2, 3, 4, 5, 10, ou 15 mètres, est généralement préférée, les intervalles des lignes ou rangs de souches sont cultivés à l'araire , celles qui sont espacées de 3 à 4 mètres au plus sont alternativement ensemencées en céréales, maïs, tabac, ou autres plantes sarclées ; par ce mode de culture, le prunier robe-de-sergent , que l'on plante toujours parmi la vigne à 6 ou 8 mètres de distance , prospère merveilleusement , et au lieu d'une récolte , le propriétaire en retire deux chaque année du même terrain.

La plantation en plein ou complet est à peu près la même que celle des départements voisins ; les souches sont espacées d'un mètre trente-trois centimètres , et leur élévation au-dessus du sol est à peu près de la même hauteur. La houe ou binollette , la puarde et le bécard , sortes de houes fourchues, sont exclusivement employées par les ouvriers , pour tous les travaux de ces dernières sortes de plantations comme pour la culture en jouales.

La culture en hautains ou treilles perchées sur des arbres, pratiquée dans quelques localités sur le littoral de la Garonne, et autres contrées basses et froides, où les gelées du printemps seraient funestes à cette culture , donne des produits considérables. L'orme commun, le peuplier noir, l'érable champêtre, l'aubépine, plusieurs sortes de pruniers, le coignassier commun, le pommier sauvage, le saule blanc, etc., etc., sont à peu près les arbres préférés par ce mode de culture ; un grand nombre de contrées où la culture de la vigne était nulle, produisent aujourd'hui des vins médiocres à la vérité , mais d'un débit facile.

Les différents cépages employés pour ce genre de culture sont peu nombreux. (1) Les propriétaires n'ont d'autre but

----

(1) J'ai observé pendant plusieurs années , où des froids tardifs avaient moissonné les vignes dans les plaines , que les treilles élevées à une certaine hauteur n'avaient que peu ou point souffert.

que la quantité et non la qualité ; les variétés préférées
sont : pied rouge gros et petit, trois variétés de piquepoul,
bouchalés gros et petit, hère ou fère, l'enrageat, guillan
blanc, mérigue noire ; excepté les deux sortes de pied
rouge qui sont de forts bons raisins de table, les autres
variétés ne mûrissent que très tardivement ; mais en revanche, elles ne sont guère attaquées par les oiseaux, ni par
les guêpes ou abeilles, preuve certaine du peu de saveur de
leurs grains ; il est plus que probable que dans les contrées
froides, dans les montagnes, les Landes, ou autres localités où la vigne gèle et mûrit difficilement, ce mode
de culture présente des résultats avantageux.

Il ne s'agit que de planter les arbres à une certaine distance,
selon l'usage auquel on destine le terrain ; en plantant l'arbre
on place à côté dans le trou un provin en racines, que
l'on laisse croître et que l'on taille chaque année convenablement ; dans peu, ces treilles donnent un grand produit.

La plantation en jouales, ou en plein, réclame et exige
des soins de culture bien différents, qui varient presque
toujours selon les localités. Les uns préfèrent planter à la
fiche ou barre de fer dans le terrain cru et sans aucun
labour primitif ; d'autres en rigoles ou fossés de soixante
à quatre-vingt centimètres de profondeur, creusés avant
l'hiver, afin que la terre, divisée par l'effet de la pluie et
de la gelée, soit plus favorable à l'émission des racines,
que l'on recouvre, au plus, de cinquante à soixante centimètres de terre ; et soit que l'on emploie des crossettes,
ou provins, il est généralement d'usage de coucher ou d'étendre le plant sur une largeur de vingt-cinq à trente centimètres, ce qui ne contribue pas peu à faciliter la reprise.

D'autres vignerons non moins habiles, après avoir défoncé
le terrain, plantent leurs crossettes à la fourchette, qui est
une sorte de petite fourche en bois ou en fer, avec laquelle
on enfonce la crossette à la profondeur convenable, dans
l'un comme dans l'autre procédé de plantation, sitôt le

terrain nivelé et ameubli, les plants sont rabattus à quelques centimètres au-dessus de terre ; favorisées de binages fréquents et une taille raisonnée, ces plantations sont en rapport au bout de cinq ou six années. Un moyen bien préférable d'élever la vigne pendant son état adulte, consiste après la plantation terminée et les ceps rabattus, à laisser pousser les tiges pendant trois années, au moins, sans en rabattre ni en supprimer aucune, ainsi qu'on le pratique pour certains arbres dans les pépinières ; au bout de cet espace de temps, on rabat à fleur de terre la tige principale, ainsi que les brindilles qui ont pu se développer ; au printemps suivant, on aura la certitude de voir se développer un sarment fort et vigoureux, qui, favorisé par un bon tuteur, par la suppression des bourgeons inutiles, aura acquis en août une longueur de deux ou trois mètres au moins, sur une grosseur équivalente, susceptible de former la charpente saine et solide, d'une souche forte et vigoureuse, avantage que ne permettra jamais à un si haut degré, l'ancien mode d'élever la vigne.

J'ai expérimenté depuis plus de 40 années la supériorité de ce mode de culture primitive, les résultats que j'ai successivement obtenus ont dépassé mes espérances ; je ne saurais trop engager les cultivateurs à le mettre en pratique.

En général, les ceps sont peu élevés au-dessus de terre dans presque tout notre département ; les coursons sont taillés courts, et toujours proportionnés à la vigueur de la souche. L'ébourgeonnement ou épemprage a toujours lieu sitôt le développement des scions, afin de faire refluer la sève vers les rameaux conservés, dont les brins inutiles auraient profité à leur détriment.

L'effeuillage pour hâter ou perfectionner la maturité du raisin, vanté par les uns, décrié par les autres, ne fait pas toujours obtenir de résultats merveilleux ; j'en ai fait l'expérience à mes dépens dans plusieurs circonstances, et suis intimement convaincu, que ce moyen est diamétralement opposé aux lois de la physiologie végétale , car au lieu de hâter la mâturité du raisin , il le durcit , le resserre , le rend moins fondant et sucré ; et l'expose, en outre , à être grillé par le soleil , si à une pluie succède le vent de sud , et si les rayons de cet astre paraissent par éclaircies.

Les vignerons expérimentés considèrent cette opération plutôt nuisible qu'avantageuse , ils n'emploient ce moyen qu'en désespoir de cause , à l'arrière saison , pendant les automnes froids et humides,

L'époque des vendanges , subordonnée à la mâturité des grappes , et aux différentes sortes de vin que l'on désire avoir, est plus ou moins retardée ; dans les environs de Tonneins, Clairac , Buzet , où les vins blancs et rouges ont de la réputation , l'époque des vendanges a lieu à deux époques; la première pour les grappes rouges , et la deuxième pour les raisins blancs. La récolte des premiers à lieu du 1ᵉʳ au 15 octobre , et celle des vins blancs dont on attend la mâturité complète des grappes , vers le mois de novembre; les vins blancs en général sont d'un facile débit , bien que depuis un grand nombre d'années le prix de ces deux sortes de vins soit bien peu élevé ; presque la totalité des vins blancs et rouges du nord du département limitrophe de la Dordogne , sont convertis en eau-de-vie. L'enrageat madone , ou plant de dame, formant les 4/5 des plantations, ces vins ne sont nullement propres à aucun autre usage.

Les variétés les plus réputées dans nos contrées pour les vins blancs sont les suivantes :

Guillan doux , ou muscade blanche ,
Semillion blanc, (trois variétés),
Chalosse id (deux variétés),
OEil de Tour ,
Mauzac blanc ,

(1) Quillard , (vraie espèce),

Enrageat madone , plant de dame , piquepoulle ,

Blanquette , ou sibade malvoisie .

Sauvignon blanc ,

   —   gris ,

   —   doré ,

Guillan blanc.

Pour les vins rouges.

Pied rouge , pied de perdrix , cote rouge , pineau (deux variétés).

Bouchalés , (deux variétés).

Merigue   id.

Sauvignon noir,

    id.   violet , } Saubioc.

Canut noir,

Mauzac id.

Hère ou fère (bon seulement pour treille, produit un mauvais vin).

Guila noir.

Touzan ,

Tinturier , (trois variétés).

Maroquin ,

Isabelle , ou R. Cassis , (de l'Amérique septentrionale).

On cultive dans toutes les localités plusieurs autres sortes de raisins blancs et rouges , tels que tous les Chasselas, Muscats et autres; mais en général , ces sortes de cépages

(1) J'ai introduit le quillard il y a 15 ans dans nos localités , et dans plusieurs départements de la France , l'Italie , la Crimée , et ailleurs. Il est originaire d'Espagne , où dans certaines localités il porte le nom de Quillat, par la disposition de ses pampres qui s'élèvent verticalement d'une manière remarquable ; c'est une variété du pedro-ximenés, qui produit le fameux vin blanc de Malaga , et sous ce rapport le quillard ne lui cède en rien tant pour le produit que pour la qualité ; on ne saurait trop le multiplier ; il s'accommode des plus mauvais terrains.

ne forment dans notre localité qu'une faible fraction de culture, ces raisins étant consommés en très grande partie avant l'époque des vendanges.

Je cultive une collection de vignes nouvelles de plus de 350 variétés, provenant des localités les plus réputées, soit d'Europe, d'Asie, ou d'ailleurs. Un grand nombre de ces nouveautés est préférable à une foule de médiocrités décrépites par l'âge et d'un rapport presque nul. Parmi ces nouveautés figurent un grand nombre de raisins de table, bien préférables à tout ce que nous possédons de meilleur par la saveur des grains, et le volume des grappes ; je me plais à signaler les variétés suivantes comme étant en première ligne :

Wanderlaen hâtif, fruit blanc,

Perle de Lacourt,   id. rosé,

Doux de Hollande,   id. blanc,

Piquepoul d'Oporto, (Portugal), id. violet,

Muscat orange de Portugal hâtif, blanc,

Chasselas rose, parfum de rose le vrai,

Aléatico à fruit rose,

Chasselas de Fontainebleau, nov. sp.,

Seupernong, (Am. Sept.), blanc, à grains très gros, oblongs, délicieux.

Kis-Mich, raisin Sultan, même qualité et forme,

Gratecap, (Espagne), id.   id.

Castellano, Rovio,   id.

Mantuo, Castellano,   id.

Mantuo de Pyla,   id.

Culture actuelle de la Vigne, amendements, engrais.

Avant la révolution de 93, la culture de la Vigne formait une branche importante de prospérité et de richesse publique dans les environs de Marmande, Tonneins, Clairac, Castel-Moron, Thézac, Buzet, etc.; le défaut d'écoulement et le bas prix de cette marchandise, ont successivement restreint et circonscrit cette culture qui aujourd'hui paraît devoir être reléguée sur les terrains impropres à la culture des céréales ; car il est plus que positif et probable, que sans la culture du prunier robe-de-sergent, dont tous les vignobles en général sont agencés, et dont les produits ont été d'un si grand secours aux pauvres vignerons et aux propriétaires, ceux-ci auraient été infailliblement ruinés ; il est avéré, en effet, que sans la récolte des prunes, les deux tiers au moins de nos vignobles seraient détruits et convertis en terre labourable.

Les engrais animaux ou mixtes, sont généralement peu en usage ici pour la réparation des vignes. La nécessité, mère de l'industrie, et l'état de gène où se trouvent les propriétaires, leur ont suggéré l'idée de rétablir leurs vignes non avec des fumiers, dont le prix ici est exorbitant, mais avec la terre qui ne coûte rien et dont les bons effets durent bien davantage que ceux des meilleurs engrais. Les semis de lupins enfouis à l'époque de leur floraison, le sainfoin ou esparcette, le trèfle rouge ou farouche, produisent de bons résultats, enfin, à l'époque de leur mêlée.

Les ajoncs, bruyères, gènets, broussailles et généralement toutes les substances susceptibles de décomposition, peuvent être utilement employés ; mais je le répète, le moyen le plus sûr, le plus prompt, le plus économique, est l'emploi de la terre neuve, ou vierge autant que faire se peut ; celui qui possède aux environs de ses plantations de vignes, des bois, des friches ou autres lieux incultes, peut avec peu de frais, les faire végéter vigoureusement en faisant enlever les gazons avec toutes les racines, les broussailles, qui, transportés soit avec des brouettes, ou dans les contrées montueuses, par des femmes ou des enfants avec des paniers, produiront des effets plus durables que le meilleur engrais, et compenseront avec usure pendant un grand nombre d'années des dépenses et des soins qu'ils auront coûté.

P. Tourrès.

Extrait du Procès-verbal de la 2ᵐᵉ séance de la 1ʳᵉ section du Congrès de Vignerons.

M. le Secrétaire donne lecture du compte-rendu du Congrès de Vignerons allemands, tenu à Stutgard en 1842, par M. Sébille Auger, membre de la Société industrielle d'Angers, Président du Comice agricole de Saumur, et Secrétaire-général de la 1ʳᵉ Session du Congrès de Vignerons français.

M. Auger rapporte dans son travail le programme des questions proposées dans le 3ᵐᵉ Congrès tenu à Wurtzbourg en 1841, et qui ont été discutées en 1842 à Stutgard. Ces questions, au nombre de 33, sont posées d'une manière nette et précise, et embrassent le plus grand nombre des faits qui ont rapport à la viticulture et à la fabrication du vin.

L'auteur rapporte la solution de quelques-unes de ces questions, et fait connaître celles qui sont renvoyées à un plus ample examen.

Il est question dans ce même compte-rendu de la fondation d'un journal d'œnologie et de pomologie. La proposition relative à cette fondation est accueillie à l'unanimité par les membres du Congrès.

M. G. de Labaume, conseiller à la Cour royale de Nîmes, dépose sur le bureau une petite brochure ayant pour titre : *De la greffe à la pontoise, de son emploi dans la culture de la Vigne et du greffoir Noisette perfectionné.*

Il résulte de cet opuscule, que ce greffoir perfectionné par M. Boyer, habile horticulteur de Nîmes, a un grand avantage sur tous les autres greffoirs employés jusqu'à ce jour pour la greffe de la vigne, il opère en sens inverse du greffoir Noisette, c'est-à-dire, que pour faire la place de la greffe sur le sujet au lieu de pousser ce qui est toujours très incommode, on tire vers soi. M. Boyer, dit, M. de Labaume, au moyen de son greffoir est parvenu à supprimer tous les risques de la greffe ordinaire, et à applanir les difficultés de la greffe à rainures qui, sous sa main, devient l'opération la plus simple et la moins hasardée. Il déchausse la souche, mais au lieu de la scier parallèlement au sol, il la coupe en biseau pour faciliter le plus prompt recouvrement par la sève, et c'est sur le côté opposé au plant incliné, c'est-à-dire sur le sommet de la partie la plus élevée qu'il place la greffe à 6 ou 8 centimètres sous terre. Pour cela, il fait avec la partie triangulaire de son greffoir une incision de 5 à 6 centimètres de longueur; il taille ensuite, avec la lame tranchante, la greffe de manière à ce qu'elle s'adapte parfaitement dans l'incision, il la lie avec le fil ciré et recouvre toutes les parties avec de l'argile.

Ces greffoirs sont fabriqués et se vendent chez M. PELLET, coutelier, à NIMES.

RAPPORT PRÉSENTÉ PAR M. SAUVAIRE-JOURDAN, SUR LE MÉMOIRE ENVOYÉ AU CONGRÈS.

Par M. JH BARBAROUX.

Messieurs,

Le mémoire de M. BARBAROUX, notre collègue, est clair et méthodique, il est un peu étendu et embrasse tout ce qui se rattache à la viticulture locale. Après en avoir entendu la lecture, vous avez jugé utile qu'il en fût fait une analyse qui reproduisit rapidement les idées qui touchent à des points généralement admis, ou généralement condamnés, pour faire ressortir les questions nouvelles que ce mémoire pourrait présenter, ou celles qui doivent donner lieu à une controverse utile.

Sur le premier paragraphe du programme, M. BARBAROUX conseille les expositions au levant et au nord : il voudrait que les plantations au midi ne fussent faites , à raison de l'ardeur extrême de notre soleil, qu'avec mélanges d'arbres destinés à abriter les vignes ; il voudrait aussi des plantations d'arbres sur la lisière à couchant pour garantir du vent les vignes plantées à cette dernière exposition. Ce système ne vous a guère paru admissible.

L'auteur maintient le défoncement usité à un mètre pour les vignes des coteaux , à cause de l'action des pluies qui entraînent le terrain ; dans les plaines , il le réduit à 60 centimètres.

Sur le second §, M. BARBAROUX signale comme ceux de nos plants qui craignent le moins la sécheresse et qui peuvent dès lors le mieux affronter les expositions au midi et au couchant : l'ugni blanc, le pascal blanc et généralement les raisins de cette couleur. Le mourvède et les raisins noirs sont pour les fonds , ils craignent moins la gelée.

Sur le 3e §, l'auteur conseille la plantation par boutures enracinées, placées à 30 centimètres de profondeur : il prend ainsi un point intermédiaire entre l'opinion d'un auteur provençal qui fixe , la profondeur à 18 centimètres et l'usage du pays, qui admet 50 et même 60 centimètres de profondeur.

M. BARBAROUX soutient la plantation à deux rangs ; c'est une question fort controversée et qui demande la sollicitude du Congrès. Nos anciens , dit-il , avaient beaucoup planté à 4 rangs , ils ont supprimé d'abord un rang , ensuite les 2 rangs extrêmes , certainement par le motif principal que les rangs du milieu ne pouvaient profiter de l'avantage des labours et engrais faits dans l'oulière.

Vint ensuite le système de la plantation à un seul rang. M. BARBAROUX l'adopterait comme moyen de tenir la vigne plus nette , de la cultiver plus facilement , si elle n'était soumise dans nos contrées à des vents et à des orages impétueux contre lesquels il est bon de lui ménager un soutien. D'ailleurs l'entrelacement des racines retient le sol dans les terrains en pente. M. Barbaroux ne saurait, dans les circonstances favorables , admettre la plantation à un rang, qu'autant que les vignes seront distantes de 75 centimètres l'une de l'autre.

L'auteur condamne l'application que l'on voudrait faire chez nous de la plantation en quinconces usitée dans le Languedoc. Notre sol , dit-il , est trop sec. Il la critique en général comme présentant peu de facilité pour la culture et l'amendement , la distance commune d'un mètre et demi ou de 2 mètres , laissée entre les vignes , ne suffisant pas pour cela , il dit que les plantations ainsi faites n'ont pas de durée.

Sous le rapport de la taille , objet du 4e §, M. Barbaroux pense qu'elle doit-être faite de la fin de novembre au milieu de février, jamais plus tard. Il a l'opinion que la diminution que nous éprouvons dans le produit de nos vignobles provient principalement des vices qui se sont introduits dans la taille. Parmi ces vices , il signale l'uniformité de la taille qui a lieu sans égard à l'état plus ou moins vigoureux du sujet. Il indique comme règle infaillible qu'il ne doit-être conservé qu'un œil, et le petit œil à tout courson qui n'a pas un diamètre de deux centimètres au moins.

Sur le 5e §, M. Barbaroux conseille beaucoup l'ébourgeonnement au mois de juin , pour détruire les jets parasites. Ce travail fortifie la plante et il a encore pour objet de faciliter la maturité dans les bas-fonds.

A l'égard de la culture, objet du 6e et dernier paragraphe, l'auteur du mémoire insiste pour qu'elle soit donnée profondément. Ce point , Messieurs , doit encore vous être signalé comme appelant ici une solution. Faut-il, comme l'ont avancé plusieurs auteurs , ne donner à la vigne qu'un labour de 12 centimètres afin de ne pas endommager les racines superficielles , ou bien ne convient-il pas au contraire, dans nos climats brûlants de ménager à la vigne un guéret

plus profond , de 20 centimètres par exemple , dans lequel
ses racines puissent descendre et rechercher un peu d'humidité qu'elles ne sauraient trouver à la surface. A cette première
œuvre s'ajoute toujours un binage dont la profondeur devrait,
d'après le même système , être de 12 centimètres environ,
au lieu de 8 ou même de 5 auxquels on le réduit souvent.

Ici , Messieurs , nous devons laisser parler l'auteur :

« Des agriculteurs distingués ont dit que la vigne ne
devait recevoir qu'un labour de 12 centimètres, pour
ne pas endommager les racines. Je sais , Messieurs , que
cette opinion est rationnelle , en ce sens , que les racines
de l'arbuste , celles de l'arbre , celles de la plante enfin,
recherchent avidement la chaleur du soleil , ainsi que l'air
atmosphérique et qu'elles tendent à se rapprocher de la
superficie du sol pour profiter de ces grands avantages. Je
suis loin de repousser cette opinion ; mais je dis, que comme
nous sommes placés dans une situation exceptionnelle , à
cause de nos terrains en pentes , de nos terres calcaires ,
de nos sécheresses habituelles , nous devons nous conformer
à cette situation en adoptant des méthodes qui nous mettent
à même de vaincre ces difficultés. Eh bien ! Messieurs ,
je le sais , je trompe la nature en piochant la vigne profondément, en enlevant , à celle-ci , les racines supérieures , pour
forcer les autres racines à descendre dans les régions inférieures du sol plus fraîches et plus humides qu'à la superficie ,
parce que celle-ci est constamment sèche depuis le mois
de juin jusques à la fin de septembre et quelquefois d'octobre,
époque à laquelle le soleil darde des rayons brûlants : parce
qu'enfin , les vents de sud-ouest et de l'ouest , qui règnent
toujours dans cette période de temps , nous donnent rarement de bienfaisantes rosées. Or , si l'engrais se trouve placé
près de la superficie des terrains , il sera toujours sec et
les sels qu'il contient brûleront infailliblement les racines
de la vigne.

Les anciens vignerons, dont j'ai parlé dans mon précédent

article , prenaient soin des jeunes vignobles et avaient l'intention d'enlever leur chevelus , en les piochant en février et mars , mais aujourd'hui les mégers ont jugé , d'après leur convenance , qu'il était superflu de les ôter et les vignes sont constamment dérangées et mutilées par les subséquents piochages.

Ainsi , Messieurs , je soutiens que le premier labour à donner à la vigne doit être fait avec la pioche et doit avoir 20 centimètres de profondeur , et le deuxième labour, ou soit le binage, 12 centimètres. Pour que la vigne se soutienne vigoureuse et productive , *on ne lui donne ordinairement que 12 centimètres au piochage et 6 centimètres au binage* ; ces labours ne peuvent se faire avec des instruments aratoires, quelque perfectionnés qu'ils soient ; il n'y en a aucun qui puisse les faire comme il faut dans ce pays-ci , parce que c'est un travail qui demande beaucoup d'attention pour n'intéresser ni le cep de la vigne , ni ses racines par la raison qu'il faut qu'on la déchausse pour détruire les insectes qui se logent dans le cep et les plantes vivaces qui sèchent les raisins. »

M. BARBAROUX se prononce , et c'est l'opinion générale , pour les engrais végétaux ; il n'admet l'emploi des substances animales qu'autant qu'elles ont été réduites complètement en terreau. D'anciens édits les proscrivaient pour la vigne. Les engrais doivent être enfouis du mois d'octobre au mois de mai.

MÉMOIRE SUR LES QUESTIONS DU PROGRAMME DE LA SECTION DE
VITICULTURE

Par M. DEMANDOLS, *de Marseille.*

Culture de la Vigne.

Utilité de la Vigne.

Le mistral et la sécheresse sont les deux causes qui ruinent les récoltes dans le territoire de Marseille. Le cultivateur, par une culture intelligente, peut diminuer les ravages de ces ennemis. Tous les agronomes ne cessent de dire que le déboisement est la cause de la rareté des pluies et de la violence des vents.

Pénétré de cette vérité, je me suis demandé de qu'elle manière l'on pouvait cultiver pour diminuer les fâcheux effets de l'impétuosité du vent et de la sécheresse. Je n'en ai pas trouvé de plus efficace que la plantation de la vigne sur un rang, chaque rangée étant séparée de sa voisine par une plate-bande, dite oulière, dans laquelle, selon l'usage, on sème alternativement du blé et des légumes. Par ce mode de plantation, le blé et la vigne se fournissent un mutuel secours, la vigne par ses nombreux rameaux abrite les semences d'automne.

La vigne à son tour a besoin d'appui pour résister aux fureurs du mistral, à l'époque du développement des bourgeons; alors, nos campagnes ressemblent à de vastes champs de blé, la vigne demeure inaperçue, le blé seul est secoué par le vent, la vigne sous ses auspices continue sa végétation. La moisson arrive, la vigne n'a plus besoin de protection, il lui faut la chaleur pour mûrir ses fruits. Nos campagnes ressemblent alors à de vastes champs de vignes qui ont déjà produit du blé et des légumes, sans nuire en rien à la récolte du raisin.

La plantation par oulières est donc celle qui s'adapte le mieux aux nécessités de notre sol et de notre climat.

Choix des terres propres à la culture de la Vigne.

D'après les principes que je viens d'exposer, l'on doit planter en vigne les terrains secs pour leur procurer l'humidité et ceux exposés aux vents pour en atténuer les funestes effets.

L'exposition la plus convenable pour la plantation de la vigne sont les coteaux et les terrains peu productifs. Les champs situés au voisinage de la mer conviennent beaucoup à ce végétal, les raisins s'y imprégnent d'un goût très agréable. Pour l'exposition de la plantation, il faut suivre la direction du terrain, et autant que faire se peut choisir celle du midi et de l'est comme étant la meilleure.

Préparation du sol.

Si le terrain qu'on veut planter en vigne en était déjà complanté avant de le rendre à cette culture, il est nécessaire d'y faire 4 ou 5 récoltes de fourages ou de blé, afin de laisser reposer la terre et de donner le temps aux racines oubliées de se pourrir.

Il faut défoncer la terre à 1 mètre, afin que les racines puissent descendre profondément et que la terre conserve l'humidité à une plus grande profondeur.

La vigne a besoin de trouver une terre meuble et divisée pour que ses racines puissent aisément la pénétrer. Si le champ que l'on plante en vigne se trouve environné d'un cordon d'oliviers, il faut le respecter, et s'il n'y est pas, il serait convenable de l'y planter. Cet arbre réussit bien, planté de cette manière et abrite la vigne des fureurs du vent.

L'été et l'automne me paraissent être les meilleures époques pour effectuer ce travail. Attendu qu'on plante la vigne dans les terrains secs, en fin d'automne, commencement du printemps. Il faut que le sol soit nivelé et les mottes écrasées de manière à ce qu'il y ait partout la même profondeur.

Choix du plant

Le travail le plus important de la plantation est le choix du plant approprié au sol, au climat et aux vues du propriétaire. La plupart des cultivateurs choisissent les plants sur les vignes voisines qui ont plus de 10 ans ; ils prennent indistinctement tous les rameaux sans rejeter ceux des vignes qui sont improductives, ou qui fournissent des vins de mauvaises qualités, c'est là une faute qu'il faut éviter.

Dans chaque vignoble, il se trouve un grand nombre de variétés de raisins, pour avoir toutes les années la même quantité de vendange et pour compenser les défauts des diverses espèces. Je pense qu'il ne faudrait mettre dans nos vignobles que des espèces de raisins mûrs en même temps ; lorsqu'on vendange l'on est souvent dérangé par la pluie, ou les ouvriers ne sont pas assez soigneux pour enlever les raisins à moitié pourris, ou ceux qui sont verts. Ces inconvénients ne se présenteraient pas si l'on suivait le principe de ne planter que des espèces mûres à la même époque. Ce changement devrait améliorer nos vins.

Des divers modes de propagation de la Vigne.

La voie de propagation de la vigne par semence est à peu près exclusivement employée par la nature. Les cultivateurs en font peu d'usage.

On plante généralement des boutures de 3 genres, boutures simples, à crossettes et enracinées. La vigne est un des arbustes qui réussit le mieux par ce genre de plantation. Un vignoble planté de cette manière vit jusqu'à cent ans. On choisit les boutures sur les vignes qui produisent une grande quantité de raisins. Plusieurs agronomes prétendent qu'une bouture qui a produit des raisins l'année de sa plantation, donne naissance à une vigne féconde ; et que celle qui n'en a pas produit est souvent stérile. Le sarment faible et chétif se convertit en cep de même structure. On choisit sur les plants qu'on veut propager des rameaux bien aoûtés , dont les yeux ne sont ni trop rapprochés ni trop écartés ; on les coupe ordinairement en mi-décembre jusqu'à la fin février. Ces boutures doivent avoir au moins 90 centimètres de longueur. Après les avoir coupés on les enterre aux deux tiers de leur longueur dans un endroit légèrement humide , à l'abri des fortes gelées.

Diverses personnes, après avoir coupé leurs boutures, les mettent en pépinière, où elles les laissent deux ou trois ans; et par ce moyen on jouit plutôt ; mais la dépense pour arracher ce plant avec précaution et les travaux de plantation doivent empêcher de suivre cette méthode, excepté , cependant , qu'on ne veuille faire la plantation dans un terrain très sec où la reprise des boutures serait chanceuse.

La distance à laquelle il est nécessaire de planter pour avoir moins à redouter le mistral et la sécheresse est une des questions sur laquelle l'on ne saurait trop refléchir. La plantation à un rang me parait être la meilleure sous tous les rapports. Dans ce mode , les vignes ont 3 mètres 25 centimètres pour étendre leurs racines et prendre le fumier qu'on met dans les oulières qui séparent les rangées de vignes. Sur un rang l'on place le même nombre de ceps que sur 2 rangs. Lorsqu'on plante sur deux rangs, les vignes sont éloignées les unes des autres de 87 centimètres en tout sens; sur un rang elles ne sont éloignées que de 43 centimètres. Dans la plantation à deux rangs il se trouve une plate-bande de terre de 87 centimètres qui ne produit rien dans cette allée de terre. On ne met jamais du fumier; les racines qui y croissent ne peuvent jamais en ressentir les salutaires effets. L'on objecte, contre ce mode de planta-tion à un rang, qu'il abrite moins la plante contre la violence du vent , mais les ceps étant plus rapprochés , ne redoutent guère plus le vent que ceux sur deux rangs. L'on dit aussi que l'oulière à deux rangs donne du blé chaque année, mais il y a aussi le fumier et le guéret. J'ai dans ma propriété des vignes contigues placées sur un rang , sur deux rangs et à plein. La vigne plantée à un rang est d'un excellent rapport , celle sur deux rangs ou plantée à plein ne produit presque rien. J'ai dit que les allées devaient être larges de 3 mètres 25 centimètres ; par cette distance l'on peut facilement faire passer l'araire pour déchaumer et semer ; la vigne a assez de place pour prendre sa nourriture , chaque cep ayant 6 mètres 50 centimètres. Les années de sécheresse, les bords seuls sont productifs , le blé et les légumes peuvent facilement produire , le vent et la sécheresse sont moins à redouter dans un si petit espace.

Pour se décider sur la profondeur à laquelle il convient de planter, il faut examiner la position , la nature du terrain et les conditions atmosphériques.

Sur le penchant des coteaux on doit planter à la profondeur de 70 centimètres ; dans la plaine , à 60 centimètres, et dans les terrains humides, à 45 centimètres. Il est dangereux de planter trop profond dans la crainte que l'extrémité de la bouture ne périsse. Lorsque l'on plante haut , la vigne produit plus vite , mais sa durée est très courte. Les racines de la vigne poussent horizontalement à partir des nœuds , de sorte que les boutures mises haut périssent dans peu d'années par la sécheresse. Avant de planter les rameaux l'on est dans l'habitude de faire tremper le plant pour qu'ils entrent plus facilement en végétation.

L'époque la plus favorable pour planter la vigne , et généralement tous les arbres , est la fin d'automne et le commencement d'hiver. Cependant on peut la planter sans danger jusqu'au milieu d'avril. Il faut veiller à ne pas offenser les jeunes bourgeons qui commencent à se développer.

De la taille de la Vigne.

Après avoir planté la vigne, on taille à deux yeux hors la terre, fin février; on les taille à cette époque à cause des froids qui pourraient geler les bourgeons, le brin du rameau étant faible il a plus à redouter les gelées.

La taille de la vigne a pour but d'empêcher la dissémination de la sève et la formation d'une quantité infinie de sarments, de brindilles, et de feuilles qui sortiraient en foule de tous les yeux; par la même opération sur la vigne qui est encore dans l'enfance, on emploie toute la sève à nourrir le brin qui doit être converti en souche et devenir tige.

On distingue trois tailles : la taille de formation, d'entretien et de restauration. Les premières années on s'occupe à former la vigne, à lui faire pousser une tige vigoureuse capable de produire. Pour cela on taille court. Lorsqu'on a obtenu du bois l'on peut espérer du fruit. La taille de formation a encore pour but de faire naître les branches-mères. Lorsque ces branches sont fortes et que la vigne compte 5 années d'existence, si elle est vigoureuse, alors commence la taille d'entretien; par cette taille on lui fait produire tout ce que ses forces lui permettent.

La taille de la première année, consiste à couper à un œil hors de terre les deux rameaux, produit des deux yeux laissés l'année précédente. Cette opération se fait après avoir pioché, afin que les ouvriers ne courent pas le danger de la couper et puissent plus facilement la distinguer. Cette taille se fait fin février. Si le jet de la première année n'a pas fourni de consistance, il faut attendre l'année d'après pour le retrancher. A cette époque l'on n'a pas à redouter la multiplicité des organes, puisqu'on ne peut espérer pendant quelques années que du bois. On taille la première année pour jouir plutôt des produits de la vigne.

La taille de la seconde année consiste à enlever en entier le jet le plus élevé, et à tailler le plus vigoureux à deux yeux, il faut que celui qu'on laisse soit bien aoûté et droit. Le but de la taille de cette année ainsi que celle des deux années suivantes, est d'avoir du bois, de former une tige forte et vigoureuse.

La troisième année l'on divise en deux bras à 19 centimètres du sol. Les ceps qui ont produit des rameaux vigoureux et forts, on les taille à deux yeux. On doit les choisir de même force et grosseur pour établir l'équilibre entre ces parties du végétal et sa durée.

La quatrième année l'on retranche sur chaque branchemère les jets formés par l'œil supérieur, et on laisse le jet inférieur qu'on taille immédiatement en dessous du troisième œil. Le jet supérieur doit être retranché très près du jet inférieur qu'on laisse et on tache de faire une cicatrice peu étendue, pour qu'elle soit bientôt recouverte par la sève : il faut qu'elle soit bien nette*, et le résultat d'un seul coup d'instrument. La taille de la cinquième année et celle des années suivantes est soumise au même principe et doit s'effectuer de la même manière.

Le cultivateur qui taille un vignoble doit connaître les principes sur lesquels sont fondés la taille, ils sont peu nombreux et faciles à retenir :

1° Ne laisser aucun canal direct à la sève.

2° Entretenir un constant équilibre entre les parties aériennes et terrestres.

3° Tailler court ou long à raison de la croissance plus ou moins rapide qu'on veut donner aux rameaux.

4° La sève qui alimentait une branche ou un rameau retranché, profite à la branche ou rameau voisin.

La première règle fondamentale est de ne laisser aucun canal direct à la sève. Un arbre qui a ses rameaux, croissant en ligne verticale produit du bois ; mais en vain, l'on y cherche le fruit qui ne vient que dans les branches inclinées.

Aussi , pour avoir la vigne vigoureuse il faut diriger la végétation en ligne verticale les premières années de la plantation. Lorsqu'elle est assez robuste pour produire du fruit , il faut donner une légère inclinaison aux rameaux.

La vigne en croissant se divise en un grand nombre de branches selon sa force et le lieu où elle est plantée. L'équilibre entre les branches-mères est la cause de la force du cep.

Pour maintenir cet équilibre , il faut tailler long ou court suivant les circonstances : si une branche est plus forte que sa voisine , taillez la première à deux yeux et la dernière à un œil. On taille long pour avoir du fruit , la sève étant moins concentrée produit un plus grand nombre de rameaux, qui, moins nourris , se couvrent de fleurs et de fruits.

Par une taille bien calculée , on peut convertir alternativement , le même sujet à fruit ou à bois. La taille effectue des phénomènes surprenants , elle active la maturité des raisins , elle prolonge ou diminue la vie de la vigne, et enfin , elle est cause de la bonté et du peu de qualité du fruit et du vin.

Malgré tous les soins possibles, il arrive souvent que la vigne dépérit ; les causes les plus habituelles de son dépérissement sont en général la vieillesse, la mauvaise taille, les effets de la sécheresse, des gelées printannières, les insectes et la brûlure. Quelle que soit la cause de son dépérissement il faut tailler court ; si la faiblesse va toujours croissant , à la taille suivante il faut laisser un des jets qui croissent sur la souche ou un rejeton si elle en a produit , qu'on taille également très court pour lui donner de la vigueur. Si, à coté d'elle , se trouve une vigne forte et que le remède indiqué n'ait pas réussi, on la remplace par un *cabus*. Le cabus s'effectue comme il suit : on fait une tranchée de 70 centimètres de largeur sur un mètre de long de manière que la vigne morte et celle qui doit la remplacer se trouve au milieu de la tranchée à la profondeur de 50 centimètres ; l'on jette la terre qu'on sort de la tranchée de chaque côté , ensuite l'on incline la vigne dans la tranchée; on la taille à l'exception des deux rameaux qu'on fait sortir , l'un à la place de celle qui était morte , et l'autre rameau à la place du cep : par ce moyen-là , on a deux vignes de la même force. J'ai essayé de remplacer le mauvais plant par un courbage et au lieu d'une vigne que je cherchais , j'en ai perdu deux. Lorsque le dépérissement est occasioné, sur un grand nombre de ceps, par la vieillesse, il est nécessaire de renouveler le vignoble tout entier.

Lorsqu'un plant de vigne a été bien soigné, il peut vivre cent ans. Dans les années de sécheresse, la vigne fait peu de progrès, taillez court. Si le bois et les boutons ont été gelés , ne vous hâtez pas de retrancher ce bois, car on peut espérer une récolte sur les arrières bourgeons. Si la gelée a eu lieu avant la taille , coupez sur les bons yeux, dussiez-vous retrancher l'année d'après et établir la taille sur le bois qui aura poussé immédiatement de la souche. Observons encore de tailler à 5 centimètres de l'œil le plus voisin en pente , et du côté qui lui est opposé. Par cette double attention on évite les effets de la gelée qui pourraient s'étendre jusqu'à la bouture , on la préserve aussi de la chute de l'eau et des pleurs dirigés vers elle par le talus de la coupure.

L'époque la plus favorable pour la taille est après la chute des feuilles. A cette saison le cultivateur est peu occupé et peut apporter à ce travail tout le soin qu'il mérite. Quelques agriculteurs commencent la taille immédiatement après la chute des feuilles , ceux-là courent le danger de faire périr toutes leurs vignes ; la sève s'évaporant avec trop de promptitude, les yeux se rétrécissent et le cep meurt dans peu d'années. Si l'on taille trop tard lorsque la sève a pris son cours, la plus grande partie s'en dissipe en pure perte. On taille à cette époque les vignes infécondes pour les rendre à fruit. Généralement on commence à tailler en décembre dans les lieux où les gelées tardives ne sont pas à redouter. Dans les bas-fonds et terrains où les gelées printanières sont à craindre, on commence fin janvier. Observons que les vignes les premières taillées entrent en végétation les premières, que les vieilles sont plus lentes à développer leurs bourgeons. Cette observation nous apprend qu'il faut tailler d'abord les plus vieilles et successivement par rang d'âge.

De la Culture de la Vigne.

On distingue d'après le système de plantation que j'ai émis, deux cultures, la culture de la rangée de vigne et celle de l'oulière de terre. Deux cultures différentes, celle de la jeune vigne et celle de la vigne formée.

La rangée de vigne reçoit d'après l'usage deux façons dans le courant de l'année, la première s'appelle guéret et la seconde binage. Les guérets qu'on donne à la vigne ont pour but de rendre les terres perméables à l'humidité et à la chaleur, d'augmenter la fertilité du sol, de détruire les mauvaises herbes, Pour procurer à la vigne la chaleur et l'humidité, on la pioche en formant entre chaque cep des cones de terre qui ont pour résultat d'empêcher l'eau de courir et l'abriter en même temps contre les gelées. On donne le guéret immédiatement après l'enlèvement des sarments. Ce premier labour doit être fini avant que les bourgeons soient développés. S'ils ne l'étaient pas, je crois qu'il vaudrait mieux ne pas le continuer.

Dans certaines localités, l'on cultive la vigne avec une charrue, mais le nombre de ceps qu'on détruit et la distance où l'on reste de la vigne, les racines qu'on dérange en cultivant, devraient faire renoncer à cet usage.

Le second labour se commence en mai, il doit être interrompu pendant la floraison de la vigne. Le moindre choc fait tomber les pétales de la fleur, occasione souvent la coulure. Par ce travail on extirpe toutes les mauvaises herbes, on remet la terre à sa première place et la vigne ressent moins la chaleur.

L'oulière de terre qui sépare les rangées de vignes, reçoit une culture différente selon l'âge de la vigne. Les deux premières années on y sème des plants de melon ou de pastèques sur un rang au milieu de la plate-bande.

On ne fume pas l'oulière attendu que la vigne n'en a pas besoin, et par la crainte de favoriser les racines superficielles aux dépens des autres, l'on y donne un guéret de 25 centimètres.

La troisième année, l'on fume l'oulière et l'on y recueille encore une récolte sarclée.

Observons que lorsqu'on pioche la vigne, les premières années le fumier doit être enfoui profond, pour que les racines ne croissent pas à la superficie. La quatrième année l'on sème une oulière en blé, l'autre en plantes sarclées et l'on continue cette culture pendant toute la durée de ce végétal.

Le blé doit être semé clair, à la volée plutôt qu'à sillon et à 50 centimètres du cep. Semé épais il épuise la terre, et la vigne ne peut trouver sa subsistance à sillon, les racines du blé croissent si rapprochées les unes des autres qu'elles forment une épaisse muraille impénétrable aux racines de la vigne. On évite ce double inconvénient en semant clair et à la volée. Autrefois, l'on laissait en jachère l'oulière qui avait produit du blé l'année d'auparavant. Aujourd'hui on la sème en plantes sarclées, mais comme cette culture est pour remplacer la jachère il ne faut mettre que deux rangées de plante dans la longueur, avoir le soin de beaucoup les éloigner de la vigne et n'y laisser jamais croître de mauvaises herbes.

Il faut encore avoir le soin de varier la culture pour ne pas épuiser la terre. D'après ce genre de culture la terre serait bientôt improductive ; pour soutenir et perpétuer sa fertilité il faut que des engrais lui rendent les sucs dont elle est épuisée.

Le meilleur fumier pour obtenir un si grand nombre de récoltes est celui de balayures de rues ; après, vient celui des campagnes résultat du mélange de toutes les déjections, et des litières des animaux. La quantité qu'il faut en mettre ne peut être appréciée que par l'expérience et l'habitude du terrain où l'on cultive.

L'époque la plus favorable pour enfouir les engrais est le printemps. Cependant l'on fume les oulières pendant toute l'année selon les récoltes qu'on veut obtenir.

De l'Ebourgeonnement et de l'Effeuillage.

L'ebourgeonnement est de toutes les cultures de la vigne la plus délicate et celle à laquelle en prête le moins d'attention. Les femmes et les enfants s'y occupent, enlèvent tout le bois gourmand qui n'est pas chargé de fruits, pensant que la vigne a plus de facilité à nourrir ceux laissés, et que les fruits deviendraient aussi plus beaux. Mais l'on doit observer que la vigne absorbe bien plus de principes nutritifs qui se convertissent en sève par ses feuilles que par ses racines, et l'absorption qu'elle en fait est d'autant plus grande que ses rameaux sont chargés de feuilles plus nombreuses et présentent des surfaces plus étendues.

En ébourgeonnant, souvent le rameau retranché fait périr par la mousse celui qu'on devait conserver. Le mistral exerce facilement ses ravages, et l'on voit tous les rameaux épanouis devenir la victime des vents.

Il est cependant quelques vignobles qu'on doit ébourgeonner ; ce sont les bas-fonds où la vigne, venant avec trop de luxe, l'on craint que la chaleur ne soit pas assez forte pour mûrir le fruit. Dans l'ébourgeonnement l'on fait le contraire de la taille ; l'on ébourgonne peu les vignes faibles et beau-

coup les fortes. La sève qui alimentait le rameau retranché,
est perdue pour la souche et pour les branches voisines.
Observons encore qu'à l'endroit où l'on enlève un bourgeon,
il en naît plusieurs. Un premier ébourgeonnement en nécessite un second et quelquefois un troisième. Par cette opération l'on enlève d'abord les rejetons, les branches, bois
tortueux, mal venant, gourmand et chiffonné. Il faut ébourgeonner après la floraison de la vigne.

Je pense qu'on pourrait se dispenser de ce travail en suivant la méthode que je vais indiquer. Dans le mois de mars,
prenez une certaine quantité d'onguent de St-Fiacre ou tout
autre engluement. Examinez soigneusement toutes les vignes
les unes après les autres, avec le dos de la serpette, enlevez les
mousses et les yeux qui se trouvent disséminés sur la souche,
réparez les défauts de taille, si quelqu'un a été commis.
Avec l'englument recouvrez toutes les plaies de la vigne et
les excavations qui servent de nid à des milliers d'insectes.
Un mois après, parcourez de nouveau la vigne et ôtez les
yeux qui auraient pu repousser, et l'opération de l'ébourgeonnement, si nuisible, deviendra inutile. L'utilité et les
avantages de ce procédé sont connus de tous les agronomes,
et l'on ne saurait trop en recommander la pratique.

Il nous reste à parler de l'effeuillage, opération plus délicate encore, confiée aux mêmes mains. L'on effeuille pour
procurer aux raisins le contact immédiat du soleil pour qu'il
puisse parvenir à une entière maturité. Ce travail est très délicat, et doit être fait à plusieurs reprises et ne commence que
quand le raisin a acquis presque toute sa grosseur. Si l'on effeuille trop tôt, le raisin se sèche et pourrit avant de parvenir
à son point de maturité; dans les automnes pluvieux, il reçoit
une trop grande quantité d'eau, et il pourrit, dans un temps
sec, il se fane et se ride. Ce n'est pas tout, les bourgeons
encore verts qui n'ont pas obtenu leur complément de perfection ne mûriront point; ceux qui commencent à l'être
cesseront de profiter; et l'année d'après, ils avortent, et les

grappes qu'ils font éclore restent très petites ou elles coule-
ront à la floraison. Dans les climats où cette opération est
nécessaire , il faut enlever seulement les feuilles qui couvrent
le fruit, peu à la fois, et s'arrêter dès que la pélicule du raisin commence à se rider et le grain à ramollir.

Telles sont les observations que m'a suggérées une longue
expérience de la culture de la vigne. Je les soumets au Congrès , en réclamant son indulgence pour ce qu'elles peuvent présenter d'inexact et d'incomplet.

H. Demandols ,

Membre du Comice, propriétaire-cultivateur, à Marseille.

LISTE

DES PERSONNES QUI ONT ADHÉRÉ

AU

Congrès de Bordeaux.

Cette liste n'ayant point été imprimée dans le compte-rendu de la 2ᵉ Session, a dû être insérée dans le compte-rendu de la 3ᵉ Session à Marseille.

AMBERT (J.-P.), propriétaire, demeurant à Nérac, département de Lot-et-Garonne.

ASSIER DE MONTROSE, propriétaire, demeurant à Montussan.

AUBERGIER père, chimiste, demeurant à Clermont-Ferrand (Puy-de-Dôme).

BALGUERIE aîné, fossés du Chapeau-Rouge 26.

BARTON (Nath.), pavé des Chartrons 37.

BEISSELANCE, rue Valdek 4.

BENGUEY, membre de la la Société d'agriculture, à Bordeaux, rue Margaux 19.

Madame veuve BENOIT, née BILLECART, demeurant à Troyes, chaussée des Bas-Trévois.

BONNET, propriétaire, à Saint-Léger, canton de Sauveterre (Gironde).

BORDILLON (G.), vice-président de la Société industrielle d'Angers, à Angers.

BOSCAS (de) (A.), propriétaire, cours d'Albret 23, à Bordeaux.

BOSSIN, grainier, pépiniériste, quai aux Fleurs, à Paris.

BOUCHEREAU, propriétaire, conseiller de préfecture, à Bordeaux, rue des Treilles 12.

Bouchereau aîné, au château de Carbonnieux, commune de Villenave-d'Ornon.

Boucherie (Guillaume), courtier de vins, à Bordeaux, rue Judaïque 11.

Boutard (Edouard), membre de la Société d'agriculture de la Rochelle, de la Société des sciences naturelles de la Charente-Inférieure, correspondant de la Société industrielle d'Angers et du Comice horticole de Maine-et-Loire, pépiniériste, à La Rochelle (Charente-Inférieure).

Boutet de Lisle, membre du Comice de Saumur et de la Société industrielle d'Angers.

Boyer (Etienne), propriétaire, à Bordeaux, cours de Tourny 39.

Brettenet, à Bordeaux, rue Carpenteyre-Saint-Pierre 17.

Brondeau (Ernest) (de), demeurant à Estillac, près Agen (Lot-et-Garonne).

Bryas (marquis de), propriétaire au château du Taillan (Gironde).

Camiran (de), propriétaire, à Bordeaux.

Carles (E.-J.-L.), demeurant à Artigues.

Castaing (André), propriétaire, à Fougeaux, commune de Moulis.

Castels (J.), membre de la Société d'agriculture.

Caumont (le comte de), du Calvados.

Cazalis-Allut, propriétaire, à Montpellier.

Chauveau, secrétaire de la Société d'agriculture d'Indre-et-Loire, demeurant à Tours.

Clamageran, à Bordeaux, rue Ferrère 44.

Colombet (de) (Simon-Gustave), avocat, à Marmande (Lot-et-Garonne).

Colonilla (Antonio) (de la), demeurant à Bourg (Gironde).

Couderc (Etienne), propriétaire, à Bordeaux, cours du Trente-Juillet.

Cuzol, à Bordeaux, cours du Jardin-Royal 21.

D. Chapuy, de Maine-et-Loire.

Damase-Parriaux, membre titulaire de la Société d'agriculture de l'Allier, demeurant au château de Chermont, près Cusset (Allier).

Dauty, courtier de vins, à Bordeaux, rue Frère, aux Chartrons.

De la Saigne (Edme-Philippe), marquis de Saint-Georges, demeurant à Trévol, arrondissement de Moulin, département de L'Allier.

Decazes (duc de).

Déchamps (Jean), propriétaire, demeurant à Bordeaux, pavé des Chartrons 25

Delbos aîné (L.), propriétaire en Médoc, demeurant à Bordeaux, rue du Couvent 3.

Delpech, propriétaire, à Floirac, demeurant à Bordeaux, rue du Peugue 45.

Demermety, membre de la Société d'agriculture du département de la Côte-d'Or, membre correspondant de la Société industrielle d'Angers et de la Société d'agriculture de l'Allier, demeurant à Dijon (Côte-d'Or).

Desarnaud, fleuriste et vigneron, à Bordeaux, rue Paulin.

Descolombiers président de la Société d'Agriculture du département de l'Allier, au château de Poullong, par Bourbon-l'Archambault.

Describer, à Bordeaux.

Donnezac, propriétaire, à Aubie (Gironde).

Dubois (M.), propriétaire, à Bordeaux, cours de Tourny, 47.

Dufaure (E.), membre du Conseil d'arrondissement et propriétaire, à Nérigean, canton de Branne, arrondissement de Libourne.

Dufort (Amédée), avocat, à Bordeaux, rue du Hâ 11.

Dumesnil (Léon), membre de la Société académique et agricole, demeurant à Falaise (Calvados).

Dumoulin, propriétaire, chaussée de Tourny, à Bordeaux.

Du Puits, ancien élève de l'Ecole polytechnique, correspondant des Sociétés royales d'agriculture de Paris et de Lyon.

Durocher, propriétaire, à Périssac, département de la Gironde.

Dussaut, négociant, allées des Noyés, à Bordeaux.

Dutau, propriétaire, à Macau, demeurant á Bordeaux, cours de Tourny 48.

Eyquem, négociant, membre de l'Académie de l'industrie de Paris, et breveté pour le bouchage en verre, demeurant à Bordeaux, place Picard 9.

Fabre (D.-M.), membre de la Société centrale de Paris, de la Société de médecine, à Tonneins.

Faure (Hypolite), propriétaire de vignes, au Comité central de Paris, demeurant à Narbonne.

Fauré, pharmacien, membre de l'Académie des sciences, à Bordeaux, Fossés-Bourgogne.

Faux (M.), courtier de vins, à Bordeaux.

Fenwick (F.-C.), à Bordeaux, pavé des Chartrons 5.

Fleury-Roussel, membre du Conseil général de Maine-et-Loire et de la Société industrielle d'Angers, demeurant à Angers.

Gabourin, à Bordeaux, Marché Royal 19.

Gaultier, secrétaire du Comité d'agriculture de la Société industrielle et membre de la Commission d'organisation du premier Congrès de vignerons, à Angers.

Gauvry, conseiller à la cour royale de Bordeaux, rue Margaux.

Genest-Buron, membre du Comice d'horticulture de la Société industrielle, demeurant à Angers.

Gimet de Joulan (Jean-David), secrétaire du Comice de Nérac, membre de plusieurs Académies.

Ginouillac, membre de la Société d'agriculture de Bordeaux.

Giraud (Th.), membre du Conseil général de Maine-et-Loire, vice-président honoraire de la Société industrielle, président du Comice agricole de Seiches, à Corzey (Maine-et-Loire).

Guichenet, membre de la Société d'agriculture, à Bordeaux, rue d'Orléans 8.

Guillory aîné, adjoint au maire de la ville d'Angers, président de la Société industrielle de Maine-et-Loire, secrétaire-général de la onzième session du Congrès scientifique et président de la première session du Congrès de vignerons, correspondant de la Société royale et centrale d'agriculture, de la Société linéenne de Bordeaux, demeurant à Angers.

Guinoyseau, manufacturier, membre de la Société d'agriculture, sciences et arts d'Angers, demeurant à Angers.

Gramont de Villemontes (A.), (de), propriétaire, à Nérac, département de Lot-et-Garonne.

Graulhé, à Sainte-Marie (Lot-et-Garonne).

Hallié, membre de la Société d'agriculture de Bordeaux.

Housset, membre de la Société d'agriculture de Bordeaux, rue Leytère 67.

Hubert Delisle, propriétaire, au château du Bouilh, à Cubzac (Gironde).

Hunault de la Peltrié (le docteur), membre de plusieurs Académies et Sociétés savantes, demeurant à Angers, rue des Ursulines.

Ivoy père, membre de la Société d'agriculture de Bordeaux.

Ivoy fils, membre de la Société d'agriculture de Bordeaux.

Jeanson, vice-président de la Société d'agriculture, hôtel des Postes, à Bordeaux.

Klipsch (Charles), à Bordeaux, façade des Chartrons, 55.

Labadie (de), propriétaire.

Labarthe (G.), à Rions, canton de Cadillac.

Labaume (de) (G.), président de la Société d'agriculture du Gard, à Nîmes.

Lacombe (A.), propriétaire, à Barsac (Gironde).

Ladurantie, propriétaire, à Saint-Laurent-d'Arce.

Lannes, propriétaire et membre du Comice agricole, à Moissac.

Larrieu (Amédée), propriétaire, au château d'Aubrion.

Larrouy, propriétaire, à Bordeaux, rue du Hâ, 46.

Las-Cases (de) (Emmanuel), conseiller d'état, membre de la Chambre des députés, membre honoraire de la Société industrielle d'Angers, président de la onzième session du Congrès scientifique de France.

Laterrade (J.-P.), membre de la Société d'agriculture, au Jardin-des-Plantes, à Bordeaux.

Laterrade (Charles), membre de la Société d'agriculture de Bordeaux, rue des Remparts.

Lavau, membre de la Société d'agriculture de Bordeaux.

Leclerc, propriétaire de vignes, au Pont de la Maye, commune de Villenave-d'Ornon (Gironde).

Leclerc-Guillory, négociant, membre de la Chambre consultative des arts et manufactures, trésorier de la Société d'agriculture, membre de la Société industrielle d'Angers, à Angers.

Leclerc-Laroche, négociant, manufacturier, membre de la Société industrielle d'Angers, à Angers.

Leclerc-Thouin (O.), secrétaire perpétuel de la Société royale et centrale d'agriculture, professeur au Conservatoire royal d'arts et métiers, membre honoraire de la Société industrielle d'Angers, demeurant à Châlonnes-sur-l'Oise (Maine-et-Loire).

Leroy (A.), membre de la Société industrielle, correspondant de la Société royale et centrale d'agriculture, membre de la Commission d'organisation du premier Congrès de vignerons, à Angers.

Lesourd-Delisle, propriétaire à Angers, rue du Figuier.

LEVÊQUE DE VARENNES, propriétaire, membre de la Société industrielle d'Angers.

LOPES-DUBEC aîné, à Bordeaux.

MAENDL (E.), trésorier de la Société d'agriculture, place Louis-Philippe, à Bordeaux.

MAGONTY, membre de l'Académie royale des sciences de Bordeaux, professeur du cours municipal de chimie, à Bordeaux.

MAHIER, pharmacien, demeurant à Château-Gonthier (Mayenne).

MAIGNOL (de) (Etienne), membre de la Société d'agriculture et percepteur, à Queyrac (Lesparre).

MALET DE ROQUEFORT (vicomte de), demeurant à Saint-Emilion (Gironde).

MARESTÉ (Jean), poilier, à Cognac.

MARIN, négociant, aux Chartrons, à Bordeaux.

MARTINEAU, membre de la Société d'agriculture.

MARTINI, courtier de vins, rue de l'Urbe 21, à Bordeaux.

MATHA (de), à Blanquefort (Bordeaux).

METIVIER DE SAINT-PAU, (vicomte de), membre correspondant de l'Académie royale de Bordeaux, à Nérac (Lot-et-Garonne).

MOURE, membre de la Société d'agriculture de Bordeaux, rue des Religieuses.

MOURE-PISANI, propriétaire, à Aubie, département de la Gironde.

ODART (Alix) (le comte), demeurant à la Dorée, commune d'Ewre, près Cormery (Indre-et-Loire).

OLIVIER-DURANT, membre de la Société d'agriculture, allées de Chartres 5, à Bordeaux.

PACHAUT, notaire et membre de la Société industrielle d'Angers, à Angers.

PASTOUREAU (Daniel-Théotime), membre de la Légion-d'honneur, président du Tribunal civil de Blaye, demeurant à Blaye, propriétaire dans le Bourgeais.

PELLETREAU (J.-A.), propriétaire, à Bordeaux, rue Pont-de-la-Mousque, 32.

PÉLISSIER, secrétaire-général de la Société d'agriculture de la Gironde, place Dauphine 31, à Bordeaux.

PERSAC (C.), vice-président du Comice agricole des cantons de Saumur et de Montreuil Belay.

PETIT-LAFITTE, membre de la Société d'agriculture de Bordeaux, cours de Circé.

PEYCHERS, propriétaire, demeurant à Saint-Laurent d'Arce.

PICARD (P.), à la chapelle Gaudin, près Argenton-Château (Deux-Sèvres).

PIGNEGUY, à Bordeaux.

PITRAY, maire de la commune de Gardegan, près Castillon (Gironde).

PONCET, propriétaire, allées d'Orléans, à Bordeaux.

POPP (Charles), propriétaire, à Camensac, Saint-Laurent (Médoc).

PROM, membre de la Société d'agriculture de Bordeaux.

PROMIS, rue Saint-Esprit 18, à Bordeaux.

PROMIS (Justin), quai de la Grave 58, à Bordeaux.

PUVIS, ancien député, correspondant de l'Institut de France, du Conseil général de l'agriculture, correspondant de la Société royale et centrale d'agriculture, président de la Société des sciences, arts et agriculture de l'Ain.

POYFERRÉ DE CÈRE (le baron), conseiller d'état honoraire, demeurant à Beau-Site, près Castres (Gironde).

RAMEY (J.-C.), horticulteur-pépiniériste, à Bordeaux, rue Durand 34.

REYNIER, directeur de la pépinière départementale, à Avignon (Vaucluse).

RICARD (Pierre), maire de la commune de Léognan, département de la Gironde.

ROMANS (le baron de) (Charles-Hypolite), demeurant au château de Fline, près Doué (Maine-et-Loire).

ROUSSEL (Jules), membre de la Société d'agriculture de Bordeaux.

ROUX (P.-M.), docteur en médecine, président de la Section des Sciences médicales de la 11e Session du Congrès scientifique de France, secrétaire-perpétuel et délégué de la Société de Statistique de Marseille.

ROYER, notaire honoraire, membre du Comité d'œnologie de la Société industrielle, à Angers.

SAINTOURENS, statisticien, membre de plusieurs Sociétés savantes, demeurant à Tartas (Landes).

SAPÉS (Jean-François), propriétaire, à Langoiran (Gironde).

SARRAIL, membre de la Société d'agriculture, à Bordeaux, rue Doidi 19.

SAUGEON, avocat, à Bordeaux, rue Fondaudège, 50.

SOULIÉ, membre de la Société d'agriculture de Bordeaux.

Soyres (de), propriétaire, à Saint-Gervais (Gironde).

Taillefer (L.-P.), pharmacien, à Bordeaux, quai des Chartrons 83.

Talbot (E.), substitut du procureur du roi, membre de la Société industrielle d'Angers, demeurant à Angers.

Tamanhau (de) (Jean-Baptiste), à Bordeaux, rue Laville 1.

Tamiran (de), propriétaire, rue Voltaire 24, à Bordeaux.

Tenet (G.), propriétaire, demeurant à La Tour, commune de
Pauillac (Médoc).

Teyssonnières, avocat, membre du Conseil général de la Dordogne, à Eymet.

Thomas (J.), propriétaire, ancien notaire, membre de la Société
industrielle, à Angers.

Tourrès (P.), horticulteur, à Macheteaux, près Tonneins (Lot-
et-Garonne).

Vastapani (Barthélemy), substitut du procureur du roi, rue Gau-
vion 8, à Bordeaux.

Verins (Philippe) (baron de), demeurant à Fesle, commune de
Thouarée (Maine-et-Loire).

Versepuy, pharmacien en chef de la maison centrale de force et
de correction, demeurant à Riom (Puy-de-Dôme).

Vibert (P.-P.), membre de la Société royale d'horticulture de
Paris, secrétaire du Comité d'horticulture, de la Société indus-
dustrielle et membre de la Commission d'organisation du Congrès, demeurant à Angers.

Viot (Prudhomme), membre du Conseil d'arrondissement du département d'Indre-et-Loire, demeurant à Tours.

Voisin père, ancien fabricant de plomb de chasse, demeurant à
Angers.

Yzarn de Capdeville, membre de la Société des sciences, agriculture et belles-lettres de Montauban, faubourg Lacapelle 102.

LISTE

DES PERSONNES ET DES SOCIÉTÉS

qui ont adhéré à la troisième Session du Congrès de Vignerons français.

MESSIEURS :

ALBRAND (P.-J.), avoué, membre de l'Académie et du Conseil municipal de Marseille, à Marseille.

ASSOCIATION (l') agricole de Turin.

AUBERGIER père (Gilbert), chimiste, membre de plusieurs Sociétés scientifiques, à Clermont-Ferrand (Puy-de-Dôme.)

BARBAROUX (Joseph), ancien magistrat, membre de la Société de statistique de Marseille, à Marseille.

BARSOTTI (T.), directeur de l'Ecole spéciale gratuite de musique, etc., au Conservatoire, et membre de la Société de statistique, à Marseille.

BARTHÉLEMY (Christophe-Jérôme), conservateur du Muséum d'histoire naturelle, secrétaire du Comice, membre de l'Académie et de la Société de statistique de Marseille, à Marseille.

BAUMES, docteur en médecine, viticulteur, etc., à Nîmes (Gard).

BENOIT (Louis-Antoine), ex-pharmacien, propriétaire, à son domaine de Sigalon, terroir d'Hyères (Var).

BEROARD (Louis-Juste), propriétaire et négociant, délégué par la Mairie de La Ciotat, à La Ciotat.

BEUF (Jean-François-Alban), employé à la garantie, trésorier de la Société de statistique de Marseille, correspondant de la Société française de statistique universelle, à Marseille.

BLANC (Benjamin), vétérinaire d'arrondissement, membre du Comice agricole, à Marseille.

BLANCHET (Ros.), propriétaire, à Lausanne (Suisse).

BOET (Antoine), propriétaire, membre du Comice agricole, à Marseille.

BONNET (Jules), juge de paix, vice-président du Comice agricole, correspondant de la Société royale et centrale d'Agriculture de Paris, membre de la Société de statistique de Marseille et de plusieurs autres Sociétés scientifiques, à Marseille.

BOUCHEREAU ✻, conseiller de préfecture, correspondant de la Société royale et centrale d'agriculture, membre de la Société d'agriculture de la Gironde et délégué de la Société linnéenne de Bordeaux, à Bordeaux.

BOUGÈRE (A.), propriétaire, à Angers (Maine-et-Loire).

BOURGAREL (Hippolyte), commissionnaire, à Marseille.

BOUTET-DELISLE, négociant en vins et membre du Comice agricole, à Saumur (Maine-et-Loire).

CARNAVANT (Etienne), délégué du Comice agricole d'Aubagne, à Aubagne.

CHAMBON (Adolphe), membre actif de la Société de statistique, à Marseille.

CHAMBON (Frédéric), agent général de la Caisse d'épargne, membre du Comice agricole, à Marseille.

CHAPUIS, docteur en médecine et propriétaire, à Saumur (Maine-et-Loire).

CLAPIER (Alexandre), avocat, membre du Conseil municipal et de l'Académie de Marseille, président du Comice agricole de la même ville, à Marseille.

COMICE (le) agricole de Marseille.

COMITÉ (le) central d'agriculture de la Côte-d'Or, à Dijon (Côte-d'Or).

CONDOM (Pierre), ancien négociant, à Marseille.

COUDERC (E.), propriétaire, à Bordeaux (Gironde).

D'AUTHIER (X.), ancien officier de marine, à Cassis (Bouches-du-Rhône).

DE BEC (P.), directeur de la Ferme-modèle départementale, à la Montauronne, près Saint-Cannat, par Lambese (Bouches-du-Rhône).

D'EBELING (Alexandre), conseiller de Cour au service de S. M. l'empereur de Russie, commandeur de l'ordre de St-Stanislas, chevalier des ordres de St-Vladimir et de Ste-Anne, consul général de Russie et membre actif de la Société de statistique, à Marseille.

DE BOVIS (Gustave), négociant, membre du Comice agricole, à Marseille.

DE CAUMONT (A.), ✻, fondateur du Congrès scientifique de France, membre de l'Institut et du Conseil général d'agriculture, directeur de la Société française pour la conservation des monuments historiques, président de l'Association normande, etc.. à Caen (Calvados).

DE CHERON (Pierre-Alexandre). ✻, commandant de gendarmerie, membre du Comice agricole, à Marseille.

DE GASQUET père, ✻, propriétaire, délégué du Comité vinicole du département du Var, à Lorgues (Var).

DE LABAUME (G.), ✻, président de la Société d'agriculture du Gard, secrétaire-général de la douzième session du Congrès scientifique de France, etc., à Nîmes (Gard).

DEMANDOLS (Honoré-Jacques–Augustin), propriétaire-agronome, membre du Comice agricole de Marseille, à la Madrague de la ville, près Marseille.

DE MATHA (J.), ✻, propriétaire vinicole, membre de la Société d'agriculture de Bordeaux (Gironde).

DEMERMÉTY, propriétaire, membre du Comité central d'agriculture de la Côte-d'Or, à Dijon.

DEMONTLUISANT (Charles-Laurent-Joseph), ✻, ingénieur en chef, directeur des ponts-et-chaussées, membre de la Société de statistique et du Comice agricole de Marseille, etc., à Marseille.

DESCOLOMBIERS, correspondant de la Société royale et centrale d'agriculture, président de la Société d'agriculture de l'Allier, au château de Poullang, par Bourbon-l'Archambault.

DE VILLENEUVE (Hippolyte-Benoît), ✼ ingénieur des mines, membre de l'Académie et de la Société de statistique de Marseille, à Marseille.

DUCORPS (Gabriel), bandagiste et agronome, à Marseille.

DUMOULIN, propriétaire, à Bordeaux.

EMÉRIC-PARTY, avocat, membre du Comice agricole, etc., à Marseille.

FAURÉ, pharmacien, à Bordeaux.

FEAUTRIER (Jean), archiviste de l'Hôtel-de-Ville, secrétaire du Comité communal d'instruction primaire et vice-secrétaire de la Société de statistique, à Marseille.

GABOURIN, propriétaire, à Bordeaux.

GARROS (J.-L.), propriétaire négociant, à Bordeaux.

GROS le jeune (Jean-François), propriétaire, viticulteur et œnologue, à sa campagne, commune de Regusse, canton de Taverne, arrondissement de Brignolles (Var).

GUILLORY aîné (Pierre-Constant), président de la Société industrielle d'Angers, ancien membre de la Chambre consultative des arts et manufactures, membre du Conseil général de la Société française pour la conservation des monuments historiques, l'un des secrétaires généraux de la onzième session du Congrès scientifique de France, membre de plusieurs autres corps savants, etc., à Angers.

GUINDON (François-Joseph), sous-archiviste de la mairie, correspondant de l'Académie des sciences, belles-lettres et arts, et membre actif de la société de statistique de Marseille, à Marseille.

GUINOISEAU-JAUBER, manufacturier, membre de la Société industrielle d'Angers, à Angers.

HUBERT-DELISLE, propriétaire, au château de Bouilh, à St-André de Cubzac (Gironde).

HUNAULT DE LA PELTRIE, docteur en médecine, membre de la Société d'agriculture, sciences et arts d'Angers et de plusieurs autres Sociétés savantes, à Angers.

JEANSON, directeur des postes, à Bordeaux.

KLIPSCH (C.), négociant, à Bordeaux.

LACAZE, fabricant d'instruments agricoles perfectionnés, à Nimes (Gard).

LANNES (Joseph-Prosper), propriétaire, viticulteur, secrétaire et délégué du Comice agricole de Moissac (Tarn-et-Garonne).

LECLERC-GUILLORY, négociant, membre de la Chambre consultative des arts et manufactures, de la Société d'agriculture, sciences et arts, et de la Société industrielle d'Angers, à Angers.

LECLERC-LAROCHE, négociant, membre de la Société industrielle d'Angers, à Angers.

LECLERC-THOUIN, (O.), professeur d'agriculture au Conservatoire des arts et métiers, membre de la Société royale et centrale d'agriculture et de plusieurs autres Sociétés d'agriculture, à Paris.

LEROY (André), horticulteur-pépiniériste, correspondant de la Société royale et centrale d'agriculture, membre de la Société d'agriculture, sciences et arts, du Comité d'horticulture et d'histoire naturelle, de la Société industrielle, etc., à Angers.

LEROY (Victor), architecte, membre du Comice agricole de Marseille, à Marseille.

LESOURD-DELISLE, propriétaire, ancien manufacturier et membre du Comité d'œnologie de la Société industrielle d'Angers, à Angers.

LEVESQUE-DEVARANNES (C.), négociant, membre de la Société industrielle d'Angers, à Angers.

LOPES-DUBEC (D.), propriétaire, à Bordeaux.

LOUBON (Joseph-François-Laurent, ✳, adjoint de la mairie, président du Comité communal d'instruction primaire et de la Société de statistique de Marseille, etc., à Marseille.

MAGNAN (Joseph), négociant-propriétaire, membre du Comice agricole de Marseille, à Marseille.

Magnone (François), vice-consul de Sardaigne, membre
de l'Association agricole de Turin et de la Société de statistique de Marseille, à Marseille.

Magonty, pharmacien, professeur de chimie, secrétaire-général de la deuxième session du Congrès de vignerons
français, etc., à Bordeaux.

Mery, vétérinaire d'arrondissement, membre du Comice
agricole de Marseille, à Marseille.

Miège (Dominique), O. ✻ Consul de première classe chargé
de la direction de l'Agence du ministère des affaires étrangères, membre de l'Académie des sciences, belles lettres
et arts, et vice-président de la Société de statistique de
Marseille, etc., à Marseille.

Mouttet (Joseph François), propriétaire à Toulon (Var).

Negrel-Feraud (François), chef de division des finances et
des travaux publics à la préfecture des Bouches-du-Rhône,
membre de l'Académie et de la Société de statistique
de Marseille, à Marseille.

Odart (le Comte), membre correspondant des Sociétés
royales d'Agriculture de Paris, de Turin, de Bordeaux,
de Dijon, de Metz, d'Angers, de l'Allier, d'Indre et
Loire, de la Dordogne ; président honoraire des Congrès
Viticoles d'Angers et de Bordeaux, à la Dorée par Corméry
(Indre et Loire).

Pachaut, notaire, membre de la Société industrielle d'Angers, à Angers.

Pamard (H.), propriétaire, à Avignon (Vaucluse).

Pelissier (F.), secrétaire-général et délégué de la Société
d'Agriculture du département de la Gironde, à Bordeaux.

Pelletreau (J. A.), ancien négociant, à Bordeaux.

Pellicot (A.), propriétaire-viticulteur, secrétaire et délégué
du Comice Agricole de Toulon, à Toulon (Var).

Petit-Lafitte (Auguste), professeur d'Agriculture, membre de l'Académie royale des sciences et arts et de la
Société linnéenne de Bordeaux, de la Société d'Agriculture

de la Gironde , correspondant de la Société royale et centrale d'Agriculture, etc., à Bordeaux.

Piaget (H.), propriétaire, à Marseille.

Plauche (Marius-Martin), ✳. inspecteur de la Manufacture royale des Tabacs, directeur des Annales provençales d'Agriculture et membre du Comice Agricole de Marseille, à Marseille.

Poleti (Etienne), bibliothécaire du Comice Agricole de Marseille , à Marseille.

Pons (L.), propriétaire , à Marseille.

Promis (Justin), négociant , à Bordeaux.

Puvis (M. A.), ✳. membre correspondant de l'institut de France , président de la Société royale des sciences, lettres , arts, etc. , à Bourg en Bresse.

Quenin (Dominique-Isidore). docteur en médecine, juge de paix , membre du Conseil général des Bouches-du-Rhône , correspondant de l'Académie et de la Société de statistique de Marseille , etc., à Marseille.

Ramey , grainier-horticulteur, à Bordeaux.

Reynier (Joseph-Noel), ✳. directeur de la pépinière départementale , membre de la Société d'horticulture de Paris et de l'Académie de Vaucluse , à Avignon.

Rostand (Alexis), O. ✳, membre du Conseil général des Bouches-du-Rhône , président de la caisse d'épargne , et membre honoraire de la Société de statistique de Marseille, à Marseille.

Roussel (Fleury), membre du Conseil général de Maine-et-Loire et de la Société industrielle d'Angers, à Angers.

Roux (Pierre-Martin). docteur en médecine , administrateur de la Société de bienfaisance , secrétaire-perpétuel de la Société de statistique, ancien président de la Société royale de médecine , membre de l'Académie et du Comice agricole de Marseille , président de la section des sciences médicales de la IIe session du Congrès scientifique de France, vice-président de la 2e session du Congrès de vignerons Français , etc., à Marseille.

Sabès, membre du Conseil d'arrondissement, à Bordeaux.

Saujeon (Jean-Marie-Marc), ancien avocat, professeur de Littérature et d'Histoire, à Bordeaux.

Sauvaire-Jourdan, avocat, membre du Conseil du 1er arrondissement des Bouches-du-Rhône, membre et délégué du Comice Agricole d'Aubagne, à Marseille.

Sébille-Auger, président du Comice Agricole de Saumur, membre de la Société industrielle d'Angers et secrétaire-général de la première session du Congrès de Vignerons Français, à Saumur (Maine-et-Loire).

Segond (Honoré-Paul), propriétaire, à Marseille.

Sibour (François-Bernardin), président et délégué du Comice Agricole d'Aubagne, à Aubagne.

Société (la) d'Agriculture du département de l'Allier.

Société (la) de Statistique de Marseille.

Société (la) Industrielle d'Angers.

Talbot (E.), substitut du procureur du roi et membre de la Société Industrielle d'Angers, à Angers.

Thomas (J.), propriétaire, ancien notaire, membre de la Société Industrielle d'Angers, à Angers.

Tourrès (P.) Horticulteur, à Macheteaux près Tonneins (Lot-et-Garonne).

Turrel (Antoine), directeur du journal des engrais, à Paris.

Vallet (Pierre) ✠, conseiller à la Cour Royale d'Aix, membre et délégué de l'Académie royale des sciences, etc., d'Aix, à Aix.

Varannes, propriétaire et membre de la Société Industrielle d'Angers, à Angers.

Vibert, horticulteur, membre de la Société royale d'Horti-culture de Paris, de celle d'Agriculture, Sciences et arts d'Angers, secrétaire du Comité d'Horticulture et d'Histoire naturelle de la Société Industrielle de la même ville, à Angers.

Viguier (F.), propriétaire, chevalier de l'ordre de Saint-

Maximilien de Bavière, correspondant de l'Institut de France, membre de la Société de statistique de Marseille, à Marseille.

Viot-Prudhomme, membre du Conseil d'arrondissement et de la Société d'Agriculture, des sciences, d'arts et de belles-lettres d'Indre-et-Loire, à Tours.

Voisin père, fabricant de plomb de chasse, viticulteur à Angers.

Ysarn de Capdeville, membre de la Société des sciences, Agriculture et belles-lettres de Tarn-et-Garonne, à Montauban.

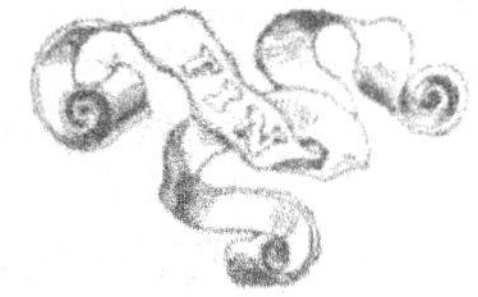

TABLE
ALPHABETIQUE ET ANALYTIQUE
DES MATIÈRES.

FIN DE LA TABLE.